Laser in der Materialbearbeitung
Forschungsberichte des IFSW

R. Paul
Optimierung von HF-Gasentladungen
für schnell längsgeströmte CO_2-Laser

Laser in der Materialbearbeitung
Forschungsberichte des IFSW

Herausgegeben von
Prof. Dr.-Ing. habil. Helmut Hügel, Universität Stuttgart
Institut für Strahlwerkzeuge (IFSW)

Das Strahlwerkzeug Laser gewinnt zunehmende Bedeutung für die industrielle Fertigung. Einhergehend mit seiner Akzeptanz und Verbreitung wachsen die Anforderungen bezüglich Effizienz und Qualität an die Geräte selbst wie auch an die Bearbeitungsprozesse. Gleichzeitig werden immer neue Anwendungsfelder erschlossen. In diesem Zusammenhang auftretende wissenschaftliche und technische Problemstellungen können nur in partnerschaftlicher Zusammenarbeit zwischen Industrie und Forschungsinstituten bewältigt werden.

Das 1986 gegründete Institut für Strahlwerkzeuge der Universität Stuttgart (IFSW) beschäftigt sich unter verschiedenen Aspekten und in vielfältiger Form mit dem Laser als einer Werkzeugmaschine. Wesentliche Schwerpunkte bilden die Weiterentwicklung von Strahlquellen, optischen Elementen zur Strahlführung und Strahlformung, Komponenten zur Prozeßdurchführung und die Optimierung der Bearbeitungsverfahren. Die Arbeiten umfassen den Bereich von physikalischen Grundlagen über anwendungsorientierte Aufgabenstellungen bis hin zu praxisnaher Auftragsforschung.

Die Buchreihe „Laser in der Materialbearbeitung – Forschungsberichte des IFSW“ soll einen in Industrie wie in Forschungsinstituten tätigen Interessentenkreis über abgeschlossene Forschungsarbeiten, Themenschwerpunkte und Dissertationen informieren. Studierenden soll die Möglichkeit der Wissensvertiefung gegeben werden. Die Reihe ist auch offen für Arbeiten, die außerhalb des IFSW, jedoch im Rahmen von gemeinsamen Aktivitäten entstanden sind.

Optimierung von HF-Gasentladungen für schnell längsgeströmte CO_2-Laser

Von Dr.-Ing. Rüdiger Paul
Universität Stuttgart

B. G. Teubner Stuttgart 1994

D 93

Als Dissertation genehmigt von der Fakultät für Konstruktions- und Fertigungstechnik der Universität Stuttgart.

Hauptberichter: Prof. Dr.-Ing. habil. H. Hügel
Mitberichter: Prof. Dr.-Ing. W. Bloss

Die Deutsche Bibliothek – CIP-Einheitsaufnahme

Paul, Rüdiger:
Optimierung von HF-Gasentladungen für schnell längsgeströmte CO_2-Laser / von Rüdiger Paul. – Stuttgart : Teubner, 1994
(Laser in der Materialbearbeitung)
Zugl.: Stuttgart, Univ., Diss.
ISBN 978-3-519-06210-3 ISBN 978-3-322-96729-9 (eBook)
DOI 10.1007/978-3-322-96729-9

Gesamtherstellung: Präzis-Druck GmbH, Karlsruhe
Einband: E. Kretschmer, Leipzig

Kurzfassung

Die vorliegende Arbeit untersucht die Optimierungsmöglichkeiten und Skalierbarkeit der schnell längsgeströmten HF–Gasentladung für CO_2–Laser in der industriellen Materialbearbeitung. Um hohe Leistungsdichten auf dem Werkstück zu erzielen, sind hohe Laserleistungen und gute Fokussierbarkeit erforderlich. Vor diesem Hintergrund wurden die Bedingungen für eine homogene Einkopplung möglichst hoher HF–Leistungsdichten in Entladungen mit unterschiedlichem Querschnitt ermittelt und die laserrelevanten Parameter gemessen.

Nach einer Analyse der Voraussetzungen, die das Anpaßnetzwerk für eine zuverlässige Zündung der Entladung bei gleichzeitiger Leistungsanpassung erfüllen muß, werden einige Verfahren zur Bestimmung des Plasmawiderstands als Funktion der Betriebsparameter angegeben. Mit dieser Kenntnis können die in den Stabilitätsuntersuchungen gefundenen Skalierungsbeziehungen als Funktion der Entladungslänge in Richtung des elektrischen Feldes interpretiert werden.

Die interferometrischen Untersuchungen des Einflusses der Entladung auf die Phasenbeziehung eines Strahlungsfeldes gibt Aufschluß über die qualitative Korrelation der Wellenfrontdeformation mit der Leuchtdichteverteilung. In Gebieten erhöhter Leistungsdichte eilt die Phasenfront voraus, so daß dort auf eine geringere Teilchendichte geschlossen werden kann. Nur für homogene Entladungsbedingungen beträgt die maximale Abweichung von der ebenen Wellenfront auch bei laserrelevanten Leistungsdichten weniger als $0,15\,\mu m$ pro 20 cm Entladungslänge.

Das Ziel hohe Laserleistungen zu realisieren ist gleichbedeutend mit der Forderung, eine hohe Kleinsignalverstärkung und eine hohe Sättigungsintensität im gesamten angeregten Volumen zu erreichen. Deshalb bilden die Messungen dieser Größen nach verschiedenen Methoden als Funktion der Betriebsbedingungen einen weiteren Schwerpunkt dieser Arbeit. Insbesondere die Druckabhängigkeiten können mit Hilfe der Impedanzmessungen erklärt werden. Zusammen mit der Entladungsskalierung sind diese auch für die unterschiedlichen Kleinsignalverstärkungsprofile als Funktion der Entladungslänge in Richtung des elektrischen Feldes verantwortlich. Damit ist die volumetrische Skalierbarkeit der Laserleistung in längsgeströmten Entladungen nur eingeschränkt gültig. Mit zunehmender Strömungsgeschwindigkeit werden die Abweichungen weniger signifikant.

Inhaltsverzeichnis

Symbole und Abkürzungen

Symbol	Bedeutung
A	Fläche
A	Absorptionsgrad
B	innere Rohrbreite
b	Brechungsindex
C	elektrische Kapazität
c	spezifische Wärmekapazität
c_0	Vakuumlichtgeschwindigkeit
D_a	ambipolare Diffusionskonstante
D_o	optische Deformation der Wellenfront
D_T	turbulente Diffusionskonstante
d_E	Entladungslänge in Richtung des elektrischen Feldes
E	elektrische Feldstärke
e	Elementarladung
f	Brennweite
G	Verstärkung
G_0	Kleinsignalverstärkung
g	Verstärkungskoeffizient
g_0	Kleinsignalverstärkungskoeffizient
H	innere Rohrhöhe
h	Plancksches Wirkungsquantum
I	elektrische Stromstärke
I_a	auskoppelbare Laserleistungsdichte
i	imaginäre Einheit
j	elektrische Stromdichte
k	Boltzmann-Konstante
L	Länge
L_E	Elektrodenlänge
L	Induktivität
$L(\nu)$	Formfunktion einer Laserlinie
$\mathcal{L}$	Lorentzfunktion
M	Masse
M	Machzahl
M_i	Molmasse der Teilchensorte i
$\mathcal{M}$	mittlere Molmasse eines Gasgemisches
m	Massendichte
n	Teilchendichte
P	Leistung (allgemein)
P_{HF}	HF-Leistung
p_{HF}	HF-Leistungsdichte
P_L	Laserleistung
p	Gasdruck
Q	Energie in Form von Wärme
q	Ladung

Symbol	Bedeutung
R	Widerstand
R	Reflexionsgrad
R_a	allgemeine (universelle) Gaskonstante
$\mathcal{R}$	spezielle (spezifische) Gaskonstante
Re	Reynoldszahl
r	Spiegelradius
T	Gastemperatur
T	Transmissionsgrad
t	Zeit
U	elektrische Spannung
V	Volumen
v	mittlere Strömungsgeschwindigkeit
v_S	Schallgeschwindigkeit
w	Strahlradius
X	Blindwiderstand
Z	Impedanz

α	Einfallswinkel
γ	Verlustkoeffizient
Δ	Differenz
ϵ	mittlere Elektronenenergie
ε	Dielektrizitätskonstante
ε_r	relative Dielektrizitätszahl
η	Wirkungsgrad
θ	Phasenwinkel
κ	Isentropenkoeffizient
λ	Wellenlänge
μ	dynamische Viskosität
ν	kinematische Viskosität
ν	Frequenz
ξ	Verlustkoeffizient der Rohrreibung
ρ	Dichte
ρ	spezifischer Widerstand
σ	Leitfähigkeit
σ	Wirkungsquerschnitt für induzierte Emission
τ	Zeitkonstante
φ_i	normierter Volumenanteil der Teilchensorte i
χ	Wärmeleitfähigkeit
ω	Kreisfrequenz

Symbol	Bedeutung
$\vec{A}$	Vektor A
$\underline{A}$	komplexe Zahl A
A	Betrag von A
$\lvert A \rvert$	Betrag von A
$\dot{A}$	zeitliche Ableitung von A
$\bar{A}$	Mittelwert von A
$\langle A \rangle$	zeitlicher Mittelwert von A

CO_2	Kohlendioxid
EEDF	Electron Energy Distribution Function (Verteilungsfunktion der Elektronenenergien)
FWHM	Full Width at Half Maximum (Halbwertsbreite)
He	Helium
HF	Hochfrequenz
LAM	laseraktives Medium
LGS	Lineares Gleichungssystem
NGS	Nichtlineares Gleichungssystem
N_2	Stickstoff
OWL	optische Weglänge
ss	Spitze–Spitze (Wert)
TERF	Transverse Excited Radio Fequency (querangeregte Hochfrequenz)

1 Einleitung

Seit der erstmaligen Realisierung des CO_2–Lasers im Jahre 1964 durch Patel [1] hat dieser Gaslaser eine diversifizierte Entwicklung mit extremen Leistungssteigerungen durchgemacht, von anfänglich einigen mW bis heute einige 10 kW. Nicht zuletzt dadurch gewinnt er seit einigen Jahren als thermisches Werkzeug für industrielle Anwendungen zunehmend an Bedeutung. Insbesondere in der Fertigung hat er sich sowohl in traditionellen Verfahren wie Trennen und Fügen, als auch bei neuartigen Techniken wie Abtragen und Oberflächenveredeln (Umschmelzen, Legieren etc.) bewährt. Der Vorteil gegenüber bisherigen Technologien ist die zielgerichtete und regelbare Einbringung höchster Leistungsdichten in das Werkstück.

Der folgende kurze historische Überblick zeigt die wesentlichen Entwicklungsschritte auf, welche diese zunehmende Akzeptanz des CO_2–Lasers in der Industrie erst ermöglichten. Eine vollständige Aufzählung sämtlicher Varianten wird dabei nicht angestrebt, vielmehr stehen die grundlegenden Konzepte und Strategien zur Steigerung der Laserleistung und der Strahlqualität (Fokussierbarkeit) im Vordergrund. Aus industrieller Sicht kommen noch wirtschaftliche Aspekte wie niedrige Kosten, Kompaktheit und Zuverlässigkeit der Strahlquelle hinzu.

Basierend auf den physikalischen Prinzipien der Strahlerzeugung haben sich unterschiedlich erfolgreiche Anregungstechniken und Kühlkonzepte etabliert, aus denen sich Ansätze für Optimierungen und zukünftige Entwicklungen ableiten lassen.

1.1 Historischer Überblick der CO_2–Laserentwicklung

Der Nachweis der Lasertätigkeit zahlreicher Vibrations–Rotations–Übergänge des CO_2–Moleküls gelang Patel bereits im Jahre 1964 in einer Gleichstromentladung in reinem CO_2–Gas [1]. Eine drastische Steigerung der Laserleistung von 1 mW auf bis zu 5 W im kontinuierlichen Betrieb erzielte er 1965 in einem CO_2–N_2–Gasgemisch [2]. Diese Leistungssteigerung ist auf den resonanten Energieübertrag von schwingungsangeregten N_2–Molekülen auf die CO_2–Moleküle zurückzuführen [3]. In einer CO_2–N_2–Gasströmung wurden nur wenig später 16,2 W Laserleistung gemessen [4]. Mit der Gasströmung wurden die von der Gasentladung erzeugten Dissoziationsprodukte wie CO und O_2 aus der Anregungszone transportiert und durch frisches Gas ersetzt. Die Verlustleistung des Laseranregungsprozesses wurde damals noch ausschließlich über die gekühlte Wand der Gasentladungskapillare abgeführt. Eine weitere Leistungssteigerung ergab sich durch Zugabe von He [5]. Dieses sorgt durch schnelle Entleerung des Lasergrundzustands über Stoßprozesse für eine geringere thermische Besetzung des unteren Laserniveaus und damit für eine höhere Besetzungsinversionsdichte und gleichzeitig durch seine höhere Wärmeleitfähigkeit für eine Verbesserung der Wärmeabfuhr an die Wandungen [3].

Es zeigte sich rasch, daß eine weitere Erhöhung der Laserleistung eine effizientere Kühlung erfordert, als dies bei der Diffusion möglich ist. Da in diesem Fall die Verlustleistung durch Wärmeleitung über die Rohrwand an die Umgebung abgegeben wird, skaliert die erzielbare Laserleistung P_L bei zylinderförmiger Geometrie mit der Länge L des angeregten Volumens — unabhängig vom Radius des Entladungsrohrs — d.h. $P_L \sim L$ [6]. Für Laser mit einigen 100 W oder gar Kilowatt Strahlleistung führt das Konzept der diffusionsgekühlten Rohrlaser unweigerlich zu sehr langen Resonatoren und damit großen Geräteabmessungen. Bei planaren Strukturen ergibt sich hingegen eine Proportionalität zur Fläche A des angeregten Volumens und dem Kehrwert des Elektrodenabstands d ($P_L \sim A/d$, [7]). Die Diffusionskühlung wird heute deshalb vorwiegend in Wellenleiterlasern angewendet [8], wo die optische Leitung der Laserstrahlung durch Totalreflexion Entladungskapillaren mit kleinen Durchmessern bzw. Plattenstrukturen mit kleinen Abständen erfordert. Eine effiziente konvektive Kühlung wäre hier wegen der hohen Druckverluste bei entsprechenden Strömungsgeschwindigkeiten ohnehin nicht möglich. Planare Strukturen für Laser der Kilowattklasse werden erst in jüngster Zeit näher untersucht [9].

Für CO_2–Laser höchster Leistung (zum gegenwärtigen Zeitpunkt sind damit einige 10–kW gemeint) ist ein Kühlkonzept erforderlich, das eine Skalierung mit dem angeregten *Volumen* ermöglicht. Die große Bedeutung einer effizienten Kühlung wird ersichtlich, wenn man bedenkt, daß eine Temperaturerhöhung des laseraktiven Mediums gemäß der Boltzmann–Verteilung im wesentlichen das untere Laserniveau bevölkert und damit einer Besetzungsinversion durch selektive Anregung entgegenwirkt. Bei einem elektrooptischen Wirkungsgrad von typisch 15% bis 25% (der theoretische Wirkungsgrad — dem Quantenwirkungsgrad entsprechend — beträgt aufgrund der beteiligten Energieniveaus ca. 45% [10]) ist für eine Laserleistung von beispielsweise 15 kW eine Kühlleistung von bis zu 85 kW erforderlich. Dafür eignet sich insbesondere eine schnelle Gasströmung, deren Einfluß auf die Eigenschaften eines Laserverstärkers bereits im Jahre 1967 experimentell untersucht wurde [11].

Heute unterscheidet man zwischen längs- und quergeströmten Lasern, je nach Richtung der Strömung in Bezug zur Resonatorachse. Beide Typen haben spezifische Vor- und Nachteile. Beim quergeströmten Laser resultiert durch die Strömung ein Dichtegradient quer zur optischen Achse, so daß es zu Strahlablenkungen kommen kann [12], insbesondere im Pulsbetrieb. Der längsgeströmte Laser hat ein durch die verwendeten Rohre vorgegebenes meist rotationssymmetrisches Strömungsprofil. Allerdings stellen die Druckverluste insbesondere bei Rohren mit relativ kleinen Durchmessern (ca. 10 mm bis 25 mm) hohe Anforderungen an die Leistungsfähigkeit der verwendeten Umwälzpumpen.

Das Kühlkonzept ist jedoch nur *ein* wichtiger Punkt, der zudem nicht isoliert von der Anregungsart betrachtet werden darf. Ein wichtiges Beispiel ist der gasdynamische Laser, bei dem die Inversion auf den unterschiedlichen Relaxationszeiten von oberem und unterem Laserniveau als Funktion der Temperatur beruht. Dafür wurde bereits im Jahre 1966 die schnelle adiabatische Expansion mit Hilfe einer Überschalldüse verwendet [13]. Die *thermische* Anregung des Gases (CO_2 und N_2) kann beispielsweise in einer Brennkammer erfolgen (dort herrscht noch keine Inversion). Mit diesem sehr leistungsfähigen Konzept wurden im Jahre 1970 bis zu 60 kW Laserleistung im Dauerstrichbetrieb erzielt [14]. Auch mit der Mikrowellenanregung wurde die gasdynamische Kühlung kombiniert [15].

Als besonders erfolgreiche Anregungsart hat sich bis heute die elektrische Gasentladung behauptet. Technologisch am einfachsten ist die Gleichstromentladung, die schon im ersten CO_2–Laser sowohl im Dauerstrich- als auch im Impulsbetrieb verwendet wurde [1]. Nachteilig sind die hohen Spannungen (bei der longitudinalen Anregung), die Gasverunreinigung durch Elektrodenabbrand, Verluste im notwendigen Vorwiderstand und die

Neigung zu Entladungsinstabilitäten [16], insbesondere bei Drücken von mehr als einigen 10 hPa und elektrischen Leistungsdichten von mehr als ca. 10 W/cm^3. Dennoch wurden mit dieser Technik (longitudinale Gleichstromentladung und schnelle Gasströmung) mittlerweile Laserleistungen von 20 kW realisiert [17].

Daneben haben sich eine Reihe weiterer elektrischer Anregungstechniken etabliert, die sich im wesentlichen durch die Frequenz des elektrischen Wechselfeldes unterscheiden. Bereits im Jahre 1979 wurde von einem mit 10 kHz angeregten und schnellgeströmten CO_2-Laser berichtet [18]. Bei dieser als *ac* -Entladung bezeichneten Anregung wurde die elektrische Leistung durch eine dielektrische Schicht eingekoppelt (5 W/cm^3). Diese niedrige Anregungsfrequenz hatte allerdings den Nachteil, daß die Laserleistung eine Modulation von einigen % bei 20 kHz aufwies. Die vorwiegend von sowjetischen Wissenschaftlern untersuchten ac-Entladungen werden von Japanern bei etwas höheren Frequenzen (einige 100 kHz) als *silent discharge* (SD) bezeichnet [19]. Mittlerweile wird diese Technik auch erfolgreich in kommerziellen Systemen eingesetzt [20, 21]. Die Vorteile sind die erzielten hohen elektrischen Leistungsdichten (80 W/cm^3) und die Verfügbarkeit preiswerter transistorisierter Generatoren. Für die Einkopplung sind allerdings besondere Keramiken mit hohen Dielektrizitätskonstanten ($\epsilon_r \approx 90$) erforderlich.

Die Hochfrequenz(HF)-Entladung in schnell strömenden CO_2-Lasergasen war schon im Jahre 1973 Gegenstand eines Patents [22]. Hier wurden *dielektrische Elektroden*[1] zur Verbesserung der Entladungsstabilität mit einbezogen. Zunächst erfolgte der Einsatz dieser Technologie vorwiegend in den USA für die Weiterentwicklung von CO_2-Wellenleiterlasern [8]. Der erste *ausschließlich* HF-angeregte CO_2-Laser der Kilowattklasse (ca. 1500 W) wurde aber erst im Jahre 1982 vorgestellt [23]. Gegenwärtig werden im Labor mit quergeströmten Typen Laserleistungen von ca. 12 kW erreicht [24]. Kommerziell sind längsgeströmte Laser bis ca. 7 kW erhältlich. Die Vorteile dieser Entladungsart sind neben der Servicefreundlichkeit (kein Elektrodenwechsel) vor allem die schnelle Pulsbarkeit und die gute Strahlqualität. Nachteilig ist der noch hohe Preis der Generatoren, verbunden mit einem schlechteren Wirkungsgrad im Vergleich zu Transistortypen des ac-Bereichs.

Gepulste Mikrowellenenergie wurde im Jahre 1979 für die Erzeugung von CO_2-Laserpulsen verwendet [25, 26]. Aufgrund des Skineffekts war die Entladung inhomogen (ringförmiger Querschnitt) und der Wirkungsgrad mit knapp 5 % niedrig. Ein gasdynamischer CO_2-Laser mit kontinuierlicher Mikrowellenanregung und einer Dauerstrichlaserleistung von 380 W bei 7 % Wirkungsgrad wurde im Jahre 1982 vorgestellt [15]. Gegenwärtig werden Laserleistungen im Bereich um 1 kW erreicht [27]. Dem Vorteil der preiswerten Mikrowellengeneratoren (Magnetrons) steht die aufwendige Einkoppelstruktur zur Erzielung homogener Entladungen gegenüber.

Diese kurze historische Übersicht offenbart die beiden Kernpunkte, die zur Steigerung der Laserleistung bei gleichzeitig guter Strahlqualität geführt haben: die Realisierung hoher elektrischer Leistungsdichten ohne Instabilitäten und die rasche Abfuhr der Verlustleistung.

Weitere historische Details sind aus [3, 6] und speziell zu gepulsten Systemen aus [28] zu entnehmen. Ein Vergleich verschiedener Anregungsfrequenzen wird in [29] gegeben.

[1] Befindet sich zwischen der (metallischen) Elektrode und dem Plasma ein Dielektrikum, so bezeichnet man diese Anordnung als dielektrische Elektrode.

Inwieweit sich das bisher recht erfolgreiche Konzept der schnell längsgeströmten HF–angeregten Gasentladung auch auf höchste Leistungen ausdehnen läßt, soll im Rahmen dieser Arbeit untersucht werden.

1.2 Zielsetzung und Gliederung der Arbeit

In diesem Abschnitt wird die Zielrichtung der Arbeit erläutert. Den Hintergrund bildet der Einsatz des Lasers als thermisches Werkzeug in der industriellen Materialbearbeitung. Aus Gründen der Prozeßeffizienz und der Qualität des Bearbeitungsergebnisses sind für die wichtigsten Anwendungen des Schweißens und Schneidens hohe Leistungsdichten innerhalb einer möglichst kleinen Fokusfläche erwünscht. Dies erfordert hohe Laserleistungen *und* eine gute Fokussierbarkeit. Dafür haben sich in jüngster Zeit CO_2–Hochleistungslaser mit Hochfrequenzanregung als besonders geeignet erwiesen, wenngleich das Potential für Optimierungsmaßnahmen noch nicht voll ausgeschöpft ist.

An dieser Stelle setzt die vorliegende Arbeit an, deren Intention es ist, die Einflußgrößen einer schnell längsgeströmten HF–Gasentladung zu analysieren und im Hinblick auf maximale Laserleistung und unter Berücksichtigung der Strahlqualität zu optimieren. Für die Entwicklung von CO_2–Lasern höchster Leistung werden vorteilhaft optisch instabile Resonatoren eingesetzt [30, 31], die zudem in der Leistungsklasse oberhalb etwa 20 kW mit einem aerodynamischen Fenster ausgestattet sein sollten [32, 33]. Nur so kann der unerwünschte Einfluß auf die Phase der Laserstrahlung durch die optischen Deformationen des Auskoppelspiegels optisch stabiler Resonatoren [34] umgangen werden, und es entfallen die Beschränkungen bezüglich des Verhältnisses von Resonatorlänge und Querschnitt des Modenvolumens, welches für das Anschwingen des Gaußschen Grundmodes von Bedeutung ist [35, 36]. Dadurch können Entladungsrohre mit entsprechend großem Innendurchmessern verwendet und so Laser mit kompakten Außenabmessungen realisiert werden. Deshalb ist die Skalierung der Laserleistung mit dem Entladungsrohrquerschnitt ein weiterer Schwerpunkt dieser Arbeit. Entsprechend der Zielsetzung steht also die Untersuchung von Phänomenen an, die sich aus der Wechselwirkung von entladungsphysikalischen, laserkinetischen und fluidmechanischen Mechanismen ergeben. Die wichtigsten Aspekte werden anhand einer kurzen Darstellung der Gliederung dieser Arbeit im folgenden angeführt.

Nach einer Einführung in die Thematik von HF–Gasentladungen, insbesondere in den hier untersuchten Typ der transversalen Anordnung mit dielektrischen Elektroden, wird in Kapitel 3 die Ankopplung des verwendeten HF–Generators (13,56 MHz) an die Entladung diskutiert. Dabei wird auf die Bedeutung des Anpaßnetzwerkes sowohl bei ungezündeter als auch bei gezündeter Entladung eingegangen. Dafür werden die elektrischen Ersatzschaltbilder (Gültigkeitsbereich 0 - 60 MHz) von Anpaßnetzwerk und Laser für ein reales Beispiel erstellt und anschließend rechnerisch das HF–Verhalten analysiert und optimiert.

In Kapitel 4 werden Meßergebnisse des Plasmawiderstands vorgestellt, die mit drei unterschiedlichen Verfahren gewonnen wurden. Das erste Verfahren nutzt das in Kapitel drei erstellte Schaltbild, um aus den Kapazitätswerten des abgestimmten Anpaßnetzwerkes den Plasmawiderstand des Lasers mit Hilfe eines Netzwerkanalyse–Programms zu bestimmen. Der Laser selbst besteht dabei aus insgesamt acht miteinander verschalteten Entladungsrohren. Mit den beiden anderen Verfahren wird der Plasmawiderstand einer

Entladung in einem einzelnen Rohr aus den Meßwerten eines Leitungsreflektometers bzw. aus Strom– und Leistungsmessungen errechnet. Die Abhängigkeit des Plasmawiderstands — und der daraus abschätzbaren elektrophysikalischen Größen — von den Betriebsparametern wird für die Diskussion der Skalierung der Entladungs– und Lasereigenschaften in den Kapiteln 6, 8 und 9 aufgegriffen.

In Kapitel 5 werden die untersuchten Optimierungsparameter diskutiert und ihre meßtechnische Erfassung erläutert. Wegen der Übersichtlichkeit wurde eine Einteilung in geometrische, elektrophysikalische und fluidmechanische Parameter vorgenommen. Diese lassen sich wiederum unterteilen in unabhängige — sie können von außen vorgegeben werden — und abhängige Größen, welche aus den ersteren resultieren. Zwischen den abhängigen Größen bestehen wechselseitige Interdependenzen, die in ihrer Gesamtheit die Eigenschaften der Entladung festlegen und deshalb für alle nachfolgenden Kapitel von großer Wichtigkeit sind.

In Kapitel 6 werden die Bedingungen für das Auftreten von Entladungsfilamenten und die Grenzen der maximal einkoppelbaren HF–Leistung untersucht. Die visuelle Charakterisierung der Leuchtdichteverteilung erfolgt nach den Kriterien volumenförmig diffuse Erscheinung, Filamentierung und Bogenbildung. Aus den daraus empirisch abgeleiteten Skalierungsbeziehungen für die Filamentierungsgrenzen werden zusammen mit den Impedanzmessungen die Invarianten für ähnliche HF–Entladungen in Rohren mit unterschiedlichen Querschnitten bestimmt.

Die Untersuchung der Deformation einer quasi–ebenen Wellenfront durch die Gasentladung mit Hilfe eines interferometrischen Verfahrens folgt in Kapitel 7. Dabei werden die Interferenzmuster mittels Bildverarbeitung zu einer dreidimensionalen Darstellung der Wellenfront aufbereitet. Exemplarisch werden die Auswirkungen einiger Leuchtdichteverteilungen auf die Phasenfront des Laserstrahls demonstriert.

In Kapitel 8 werden die Kleinsignalverstärkungseigenschaften in Entladungsrohren unterschiedlicher Querschnittsflächen untersucht. Die Messung der Profile erfolgt in der Ebene senkrecht zu Strömungsrichtung, längs der die Verstärkung integriert wird. Dabei werden die Parameterbereiche berücksichtigt, die in Kapitel 6 eine laserrelevante Entladung ergaben.

Die Sättigungsintensität wird in Kapitel 9 nach der Verstärkermethode als Funktion der bereits in Kapitel 6 ermittelten Betriebsparameter gemessen und mit Hilfe der Resonatormethode überprüft. Damit wird dann am Ende des Kapitels ein Vergleich der gemessenen Laserleistung mit der aus dem volumenspezifischen und das laseraktive Medium charakterisierenden Produkt aus Kleinsignalverstärkungskoeffizient und Sättigungsintensität rechnerisch abgeschätzten maximal auskoppelbaren Laserleistung durchgeführt.

Zum Schluß erfolgt in Kapitel 10 eine Zusammenfassung und abschließende Bewertung der Ergebnisse unter dem eingangs erwähnten Aspekt der Optimierung der Laserleistung und der Strahlqualität.

Um die enge Verzahnung der elektrotechnischen, fluidmechanischen und laserphysikalischen Teilbereiche zu unterstreichen, wurden zahlreiche Querverweise aufgenommen. Wegen der Vielfältigkeit der involvierten Themenbereiche sind auch am Ende eines jeden Kapitels die wichtigsten Ergebnisse und Aussagen in einer kurzen Übersicht zusammengefaßt.

2 Die HF–Gasentladung

Bereits im Jahre 1891 beobachtete N. Tesla durch Hochfrequenz[1] erzeugte Gasentladungen, aber erst durch die Arbeiten von J.J. Thomson und J.S.E. Townsend in den Jahren 1926–1927 wurden diese Beobachtungen erklärbar, insbesondere die Zündung dieser Entladungen. Auch detailierte theoretische Betrachtungen zum Verhalten freier Elektronen in hochfrequenten elektromagnetischen Feldern (z.B. [37, 38, 39, 40]) erfolgten weit vor der erstmaligen Realisierung des Lasers durch Maiman im Jahre 1960. Seither hat die Gasentladungsphysik und insbesondere auch der Bereich der HF–Entladungen durch die (Weiter-)Entwicklung der Gaslaser neue Impulse erhalten.

Bevor im Abschnitt 2.3.1 auf die Besonderheiten der HF–Entladung für schnell längsgeströmte CO_2–Hochleistungslaser eingegangen wird, folgt zunächst eine kurze Beschreibung der allgemeinen Eigenschaften. Eine Betrachtung der Stabilitätsgrenzen der HF-Entladung beschließt dieses Kapitel.

2.1 Allgemeine Charakteristiken

In diesem Abschnitt werden einige Grundlagen der HF–Entladung erläutert soweit sie für das Verständnis der nachfolgenden Kapitel wichtig sind. Umfassendere Darstellungen der vielschichtigen Aspekte der Gasentladungen in Gleich- und Wechselfeldern findet man z.B. in [41, 42, 43] und in den an entsprechender Stelle zitierten Fachartikeln.

Für die Bewegung $\vec{r}(t)$ eines einzelnen Elektrons der Ladung e und der Masse m_e in einem elektrischen Wechselfeld $\vec{E}_0 \sin\omega t$ gilt die Differentialgleichung (z.B. [41, 42]):

$$m_e \frac{d^2\vec{r}}{dt^2} = -m_e \nu_c \frac{d\vec{r}}{dt} - e\vec{E}_0 \sin\omega t. \tag{2.1}$$

Der erste Term auf der rechten Seite entspricht einem "Reibungsterm" und beschreibt Stoßprozesse mit der Frequenz ν_c. Dadurch nimmt das Elektron Wirkleistung aus dem elektrischen Feld auf. Besonders deutlich wird dies, wenn man mit der Lösung von Gl. 2.1 (siehe Anhang A.1)

$$\vec{v}_e(t) = d\vec{r}/dt = \frac{e}{m_e}\left(\frac{i\omega - \nu_c}{\omega^2 + \nu_c^2}\right)\vec{E}_0\, e^{i\omega t} \tag{2.2}$$

und dem elektrischen Feld $\vec{E}(t)$ die zeitlich mittlere Leistungsaufnahme des Elektrons bildet gemäß:

$$\left\langle e\,\vec{E}\,\vec{v}\right\rangle = \frac{e^2 E_0^2}{m_e(\omega^2 + \nu_c^2)}(i\omega - \nu_c). \tag{2.3}$$

[1]HF, im engl. rf

Der Term mit $i\omega$ stellt den reinen (induktiven) Blindanteil dar, während derjenige mit ν_c den Wirkanteil beschreibt. Letzterer bestimmt im stationären Zustand die Energieverteilungsfunktion der Elektronen EEDF[2]. Daraus ergeben sich die Ratenkoeffizienten für Ionisation, elektronische Anregung, Vibrations- und Rotationsanregungen (in molekularen Gasen) etc. Um die EEDF zu erhalten muß die zeitabhängige Boltzmann-Gleichung gelöst werden (s. z.B. [37, 44, 45, 46, 47]).

Neben der (mit der Anregungsfrequenz $\omega = 2\pi\nu$ schwingenden) elektrischen Feldstärke E spielt also die Stoßfrequenz ν_c eine entscheidende Rolle. Dies ersieht man besonders deutlich aus der Beziehung für die mittlere Elektronenenergie $\bar{\epsilon}$. Setzt man die mittlere Leistungsaufnahme pro Elektron (s.Gl. 2.3) dem Energieverlust durch elastische Stöße mit Teilchen der Masse m_g(bei hohen Gasdichten der dominierende Verlustprozess) gleich, so ergibt sich (s. z.B.[41, 42]):

$$\bar{\epsilon} = \frac{m_g e^2 E_0^2}{2m_e^2(\omega^2 + \nu_c^2)}. \tag{2.4}$$

Zwei Grenzfälle können betrachtet werden:

$$\omega \gg \nu_c \implies \bar{\epsilon} = f(E/\omega) \text{ und}$$

$$\omega \ll \nu_c \implies \bar{\epsilon} = f(E/\nu_c)\,.$$

Für die Verhältnisse in CO_2-Lasergasen trifft der zweite Fall zu. Nach [42] gilt $\nu_c \approx 3 \cdot 10^9 p[\text{hPa}]\text{s}^{-1}$, d.h. bei Lasergasdrücken $p \approx 133$ hPa ergibt sich $\nu_c \approx 4 \cdot 10^{11}$. Dieser Wert ist im gesamten HF-Bereich (100 MHz $> \omega/2\pi >$ 1 MHz) sehr viel größer als ω, so daß im folgenden nur der Fall $\nu_c \gg \omega$ diskutiert wird. Aus Gleichung 2.4 ergibt sich dann:

$$\bar{\epsilon} = \frac{m_g e^2}{2m_e^2}\left(\frac{E_0}{\nu_c}\right)^2 \quad \text{für} \quad \nu_c \gg \omega\,. \tag{2.5}$$

Für die hier betrachteten HF-angeregten CO_2-Lasergasentladungen ist die *reduzierte Feldstärke* E/p bzw. E/n (n ist die Teilchendichte im Gas, d.h. $\nu_c \sim n$, und für $T = const$ gilt $n \sim p$) also eine charakteristische Größe, ein *Ähnlichkeitsparameter* [40].

Betrachtet man eine homogene HF-Entladung mit einer Anregung der Form $E(t) = E_0 \sin(\omega t)$, folgt E/n ebenfalls dieser zeitlichen Änderung [3]. Für CO_2– Lasergasgemische mit $p >$ 30 Torr folgt auch die EEDF dem zeitlichen Verhalten von E/n [42]. Da der Ratenkoeffizient für die Ionisation sehr stark von der Elektronenenergie abhängt, tritt Ionisation i.w. nur während der kurzen Zeitspannen auf, in denen $E(t)$ und damit E/n seine Maximalwerte erreicht. In der restlichen Zeit der Schwingung überwiegt die Vernichtung der freien Elektronen durch Rekombination [48]. Dieses *rekombinationsbestimmte* Plasma ist deshalb besonders stabil (s. Abschnitt 2.3.2, S. 23). Die Modulation

[2] EEDF = electron energy distribution function

[3] Die räumlich *mittlere* Teilchendichte n kann im stationären Zustand als zeitlich konstant angenommen werden.

um den Mittelwert der Elektronendichte $\bar{n}_e$ ist allerdings gering, da die Zeitkonstante für die Elektronenrekombination ($\approx 10^{-5}$ s [42]) groß ist im Vergleich zur Schwingungsdauer der HF (z. B. 10^{-7} s für $\nu = 10\,\text{MHz}$). Die Elektronen selbst folgen dem Feld $E(t)$ mit der Geschwindigkeit v_e (s. Gleichung 2.2).

Wegen

$$v_e(t) = \frac{\partial x_e(t)}{\partial t} = \frac{\partial}{\partial t} x_e\, e^{i\omega t} = i\omega x_e\, e^{i\omega t} = i\omega\, x_e \qquad (2.6)$$

läßt sich mit der Kenntnis der Elektronendriftgeschwindigkeit v_e die Größenordnung der Amplitude x_e der Elektronenbewegung abschätzen. Nach [49] ist für ein Gasgemisch von He:N_2:CO_2=3:1:1 bei einem Gasdruck von 27 hPa und einer Anregungsfrequenz $\omega/2\pi =$ 50 MHz ($E/n = 3.8 \cdot 10^{-16}$ Vcm^2, $E \approx 450$ V/cm) die Driftgeschwindigkeit $v_e \approx 8 \cdot 10^6$ cm/s, woraus sich $x_e \approx 0,25$ mm errechnet. Die Amplitude ist damit klein im Vergleich zu den Abständen der begrenzenden Gefäßwände in Hochleistungslasern (einige cm). Die Amplitude der Ionen ist wegen $x = v/\omega = \mu E/\omega$ um den Faktor $\mu_e/\mu_+ \approx 10^2$ [42] geringer, so daß die Bewegung der Ionen unter dem Einfluß des elektrischen Feldes in guter Näherung vernachlässigt werden kann. In der unmittelbaren Nähe der Elektroden (oder des Dielektrikums, s. Kap. 21) entstehen so positive Raumladungszonen, die *Grenzschichten* (s. z. B. [50, 51, 52, 53]). Gleichung 2.6 kann deshalb auch zur groben Abschätzung der (frequenzabhängigen) Dicke dieser elektrischen Grenzschicht verwendet werden. Für die in vorliegender Arbeit ausschließlich verwendete Anregungsfrequenz von 13,56 MHz ergibt sich (bei $E/n = 3,8 \cdot 10^{-16}$ V cm^2) pro Elektrode der Wert $x_e \approx 0,07$ mm.

In unmittelbar Nähe der *momentanen* Kathode ist innerhalb dieses Bereiches der Länge x_e die Elektronendichte somit nahezu Null, d.h. während der negativen Phase gilt innerhalb dieser Grenzschicht $n_e \ll n_i$. Deshalb ist hier trotz $\mu_e \gg \mu_+$ die elektrische Leitfähigkeit durch Elektronen $\sigma_e = e n_e \mu_e$ gering im Vergleich zu jener in der eigentlichen Entladungs(Plasma)säule, wo $n_e \approx n_i$ gilt und damit auch σ_e entsprechend hoch ist. In der "kathodischen Grenzschicht" dominiert also zunächst der Verschiebungsstrom. Energiereiche Elektronen, die durch Ionen- und /oder Photonenbombardement an der momentanen Kathode (oder der entsprechenden dielektrischen Schicht) ausgelöst und in Richtung Säule beschleunigt werden, erzeugen eine leuchtende Schicht zwischen der eigentlichen Grenzschicht und der Glimmentladungssäule [54]. Mit zunehmender Leistungseinkopplung gewinnt dieser Prozess an Bedeutung und die anfängliche Niederstromentladung vom α–*Typ* geht in eine Hochstromentladung vom γ–*Typ* über [49, 55, 56, 57, 58]. Dann dominiert in der Grenzschicht der Sekundärelektronenstrom den Verschiebungsstrom. Diese Vorgänge sind denen im Kathodenbereich einer Glimmentladung sehr ähnlich[4]. Für CO_2–Laser ist nur die α–Entladung verwendbar, während die γ–Entladung für Ionenlaser geeignet scheint [56] und den Übergang zur Entladungsinstabilität markiert (s. Abschnitt 2.3.2, S. 23) [59].

[4]Die Bezeichnung der beiden Entladungsmodi ist deshalb an die gleichnamige Bezeichnung des ersten (α) und zweiten (γ) Townsend–Koeffizienten angelehnt. Sie geben die Zahl der durch ein Elektron erzeugten Primärelektronen bzw. die durch Ionenbombardement an der Kathode ausgelösten Sekundärelektronen an.

2.2 Modell der HF–Entladung

Aus den allgemeinen Charakteristiken läßt sich ein einfaches elektrisches Modell der HF-Entladung entwickeln. Dafür werden zunächst nur die Vorgänge in der (homogenen) Entladungssäule betrachtet. Es folgt unmittelbar aus der Gesamtstromdichte

$$j_{tot} = j_e + j_I + j_v \,, \tag{2.7}$$

die sich aus der Summe der Stromdichten der Elektronen j_e, der (positiven) Ionen j_I und der Verschiebungsstromdichte j_v ergibt (für die Stromdichte gilt allgemein [41]: $j_q = n_q\, q\, \mu_q\, E$; n_q ist die Ladungsträgerdichte, q die Ladung der Teilchen, μ_q die Beweglichkeit der Ladungsträger und $E = E_0 \sin\omega\, t$ das elektrische Feld). Da aufgrund der geringeren Masse der Elektronen $\mu_e \gg \mu_I$ gilt und wegen der Quasineutralität des Plasmas $n_e \simeq n$ ist, kann j_I in guter Näherung gegenüber j_e vernachlässigt werden und man erhält mit $v_e = \mu_e E$ und $j_v = \varepsilon\varepsilon_r \partial E/\partial t = \varepsilon\varepsilon_r \dot{E}$:

$$j_{tot} = -e\, n_e\, v_e + \varepsilon_0\, \varepsilon_r\, \dot{E}\,. \tag{2.8}$$

Mit der Driftgeschwindigkeit aus Gleichung 2.2 folgt (in komplexer Schreibweise):

$$\underline{j}_{tot} = \frac{e^2\, n_e}{m_e} \left(\frac{\nu_c - i\omega}{\omega^2 + \nu_c^2}\right) E_0 e^{i\omega t} + i\omega\, \varepsilon_0\, \varepsilon_r\, E_0\, e^{i\omega t}\,. \tag{2.9}$$

Definiert man die Plasmafrequenz [60, 61] entsprechend

$$\omega_p^2 = \frac{e^2\, n_e}{m_e\, \varepsilon_0\, \varepsilon_r}\,, \tag{2.10}$$

ergibt sich schließlich die übersichtlichere Form:

$$\underline{j}_{tot} = \left\{\omega_p^2 \left(\frac{\nu_c}{\omega^2 + \nu_c^2}\right) - \omega_p^2 \left(\frac{i\omega}{\omega^2 + \nu_c^2}\right) + i\omega\right\} \varepsilon_0\, \varepsilon_r\, E\,. \tag{2.11}$$

Aus Gleichung 2.11 entnimmt man, daß die Gesamtstromdichte (von links nach rechts) aus einem ohmschen, einem induktiven (wegen der Phase $-i$) und einem kapazitiven Anteil (Phase $+i$) besteht. Dies entspricht dem Wirkstrom der Elektronen aufgrund der Phasenstörungsstöße, einem reinen (induktiven) Blindstrom (Elektronendrift ohne Stöße) und dem Verschiebungsstrom. Demgemäß kann das elektrische Verhalten einer (homogenen) HF–Gasentladung ganz allgemein durch die Parallelschaltung eines ohmschen Widerstandes, einer Induktivität und einer Kapazität modelliert werden.

Wie bereits erwähnt wurde, ist bei den Lasergasentladungen die Stoßfrequenz sehr viel höher als die Anregungsfrequenz, d.h. $\nu_c \gg \omega$. Dadurch läßt sich Gleichung 2.11 weiter vereinfachen, indem man in den Nennern der ersten beiden Terme ω^2 gegenüber ν_c^2 vernachlässigt, woraus folgt:

$$\underline{j}_{tot} = \left\{\omega_p^2 \left(\frac{\omega}{\nu_c}\right) - i\omega_p^2 \left(\frac{\omega}{\nu_c}\right)^2 + i\omega^2\right\} \frac{\varepsilon_0\, \varepsilon_r\, E}{\omega}\,. \tag{2.12}$$

Wegen $\omega/\nu_c \ll 1$ ist der quadratische (induktive) Term viel kleiner als der erste (ohmsche) Term und kann deshalb vernachlässigt werden. Berücksichtigt man ferner, daß die Plasmafrequenz in der Größenordnung der Stoßfrequenz liegt (aus Gleichung 2.10 ergibt sich mit den typischen Werten $n_e \approx 1 \cdot 10^{16}$ m^{-3} und $\varepsilon_r \approx 1$: $\omega_p \approx 6$ GHz), so ist der dritte (kapazitive) Term ebenfalls vernachlässigbar und man erhält schließlich:

$$j_{tot} \approx \frac{\omega_p^2}{\nu_c} \varepsilon_0 \, \varepsilon_r \, E \, . \tag{2.13}$$

Unter der Voraussetzung $\nu_c \gg \omega$ und $\nu_c \simeq \omega_p$ besteht das elektrische Ersatzschaltbild der homogenen Entladungssäule einer HF–Entladung also in guter Näherung lediglich aus einem ohmschen Widerstand. Dieses Ergebnis ist für die nachfolgenden Kapitel von großer Wichtigkeit.

In diesem Modell sind die bereits erwähnten Grenzschichten noch nicht berücksichtigt. Sie können für den Fall der α–Entladung in guter Näherung durch Kapazitäten[5] repräsentiert werden, so daß sich schließlich für die *gesamte* HF–Entladung (Säule und Grenzschicht) das in Abbildung 2.1 gezeigte Ersatzschaltbild ergibt.

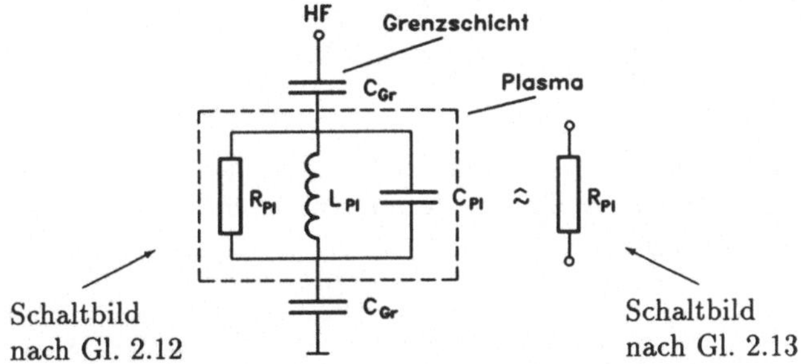

Abb. 2.1: Elektrisches Ersatzschaltbild einer HF–angeregten Gasentladung für den Fall $\nu_c \gg \omega$ und $\nu_c \simeq \omega_p$.

2.3 Einkopplung der HF-Leistung

Die Einkopplung der Hochfrequenzleistung in die Gasentladung kann sowohl induktiv (z.B. [62]) als auch kapazitiv erfolgen [42]. Im ersten Fall sind die elektrischen Feldlinien geschlossen [63]. Im zweiten Fall können sie, je nach Anordnung der Elektroden, transversal oder longitudinal zur Entladungsröhre verlaufen. Für CO_2–Hochleistungslaser hat sich die transversal angeregte HF-Entladung TERF[6] als besonders effizient erwiesen (z.B. [23, 64]), insbesondere wenn sich zwischen Elektrode und Gasentladung eine dielektrische Schicht befindet (*dielektrische Elektrode*).

[5] Der dissipative Anteil der Grenzschicht bezogen auf den Leistungsumsatz in der Entladungssäule ist kleiner als 10 % [24] und wird im folgenden vernachlässigt.

[6] TERF = transverse electrodeless radio frequency

2.3.1 Dielektrische Elektroden

Metallische Elektroden werden vorwiegend in diffusionsgekühlten Systemen — HF-angeregten CO_2-Wellenleiterlasern (z.B. [65, 49]) und flächigen Entladungsstrukturen (z.B. [7, 9, 66]) — eingesetzt. Für schnell geströmte Hochleistungslaser verwendet man vorteilhaft dielektrische Elektroden (z.B. [24, 67]). Ausschließlich diese Variante wird im folgenden weiter betrachtet.

Das Dielektrikum trägt wesentlich zur Stabilisierung der Entladung bei hohen Leistungsdichten bei (s. auch Kapitel 6). Der stromgegengekoppelte Spannungsabfall am Dielektrikum U_{Di} wirkt dem lokalen Anwachsen des Stromes I in der Gasentladung entgegen [68], so daß es erst bei entsprechend hohen elektrischen HF-Leistungsdichten zur γ-Entladung (s. Abschnitt 2.1) und bei entsprechenden Gasdrücken zur Ausbildung von Filamenten und Entladungsbögen kommt (s. Abschnitt 2.3.2 und Kapitel 6).

Das Dielektrikum hat also die Funktion eines verteilten kapazitiven Ballastwiderstandes. Seine Wirksamkeit wird von der Dicke d_{Di}, der Anregungsfrequenz $\nu = \omega/2\pi$ und der relativen Dielektrizitätskonstante ε_r bestimmt. Aus der schematischen Darstellung (s. Abbildung 2.2) einer HF-angeregten Gasentladung mit dielektrischen Elektroden und dem zugehörigen elektrischen Ersatzschaltbild entnimmt man den Zusammenhang zwischen der Spannung an der dielektrischen Schicht und der Stromdichte $j = I/A$:

$$U_{Di} = \frac{1}{\omega\, C_{Di}} \cdot I = \frac{d_{Di}}{\varepsilon_0\, \varepsilon_r\, \omega}\, j\,. \tag{2.14}$$

Darin bedeuten A die Fläche und $\varepsilon_0 = 8,8542 \cdot 10^{-12}$ As/Vm die Elektrische Feldkonstante. Mit C_{Di} ist die Gesamtkapazität beider dielektrischer Schichten bezeichnet ($C_{Di} = \frac{1}{2} \cdot C_{Di/2}$ und $d_{Di} = 2 \cdot d_{Di/2}$).

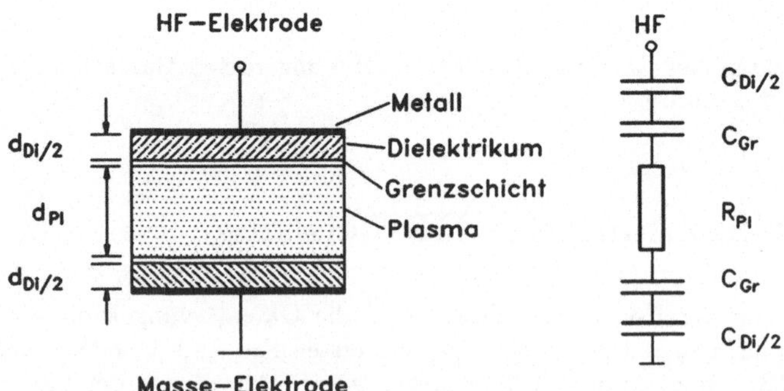

Abb. 2.2: Links: Prinzipbild einer HF-Entladung mit dielektrischen Elektroden, rechts: zugehöriges elektrisches Ersatzschaltbild.

Aus Gl. 2.14 ersieht man, daß U_{Di} umso größer wird, je größer d_{Di} und je kleiner ω und ε_r sind. Für eine vorgegebene Anregungsfrequenz sind daher neben den mechanischen Eigenschaften (Bruchfestigkeit, Temperaturbeständigkeit) des Dielektrikums vor allem die elektrischen Kennwerte wie dielektrischer Verlustwinkel $\tan\delta$ (ein Maß für die Ankopplung der HF an das Dielektrikum; sollte möglichst klein sein), Durchbruchfeldstärke E_{max} (möglichst groß) und relative Dielektrizitätszahl ε_r wichtig. Für Luft (1013 hPa, 0°C) ist $\varepsilon_r(\omega=0) = 1,00058$ [69] sehr nahe bei 1. Zur Stabilisierung der Entladung ist Luft als Dielektrikum somit am besten geeignet. Diese erhöhte Entladungsstabilität wird allerdings durch eine entsprechend erhöhte Gesamtspannung $U_G = \sqrt{U_{Pl}^2 + U_{Di}^2}$ an den Elektroden erkauft (die Grenzschichtspannung wird vernachlässigt, da $\frac{U_{Di}}{U_{Gr}} \sim \frac{X_{Di}}{X_{Gr}} \sim \frac{d_{Di}}{d_{Gr}} \gg 1$, mit $\varepsilon_{Di} \approx \varepsilon_{Gr} \approx 1$). Dadurch steigen die Anforderungen an die Spannungsfestigkeit der Entladungsanordnung (parasitäre Entladungen) und des Anpaßnetzwerkes.

In längsgeströmten Lasern nimmt die Dichte n des Gases längs des Entladungsrohres der Länge l aufgrund der Temperaturerhöhung ΔT durch die Leistungseinkopplung (diese läßt sich in eine Druckänderung längs des Rohres (z-Achse) umrechnen gemäß [70]: $\frac{dp}{dz} = \frac{p}{T-(\mathcal{M}p^2)/(\dot{m}^2 R_a)}\frac{dT}{dz}$, mit $\mathcal{M}$ = mittlere Molmasse, $\dot{m}$ = Massenstromdichte und R_a = allgemeine Gaskonstante) und des Druckverlustes Δp (Für die Druckabnahme in einer Rohrströmung mit der mittleren Geschwindigkeit v gilt [71]: $\Delta p = (\rho l v^2 \lambda)/(2\,D)$ mit ρ = Dichte, D = Rohrdurchmesser und λ = Verlustkoeffizient. Für die *laminare* Strömung ist $\lambda_{lam} = 64/Re$ und im *turbulenten* Fall gilt die *Blasius*-Formel $\lambda_{turb} = 0,3164/Re^{1/4}$, wobei Re die *Reynoldszahl* bezeichnet) ab. Um einer stetigen Zunahme von E/n längs der Strömung entgegen zu wirken, vergrößert man in dieser Richtung sukzessive die Dicke der dielektrischen Schicht. Am einfachsten wird dies durch Verkippen einer oder beider Elektroden in Strömungsrichtung erreicht [72], s. Abbildung 2.3. Die elektrische Spannung U kann längs der Elektroden (einige cm) als konstant angenommen werden ($\lambda_0 = c_0/\nu \approx 30$ m für $\nu = 10\,\text{MHz}$, d.h. ungleichmäßige Feldverteilungen längs der Elektroden aufgrund der Wellenausbreitung sind vernachlässigbar).

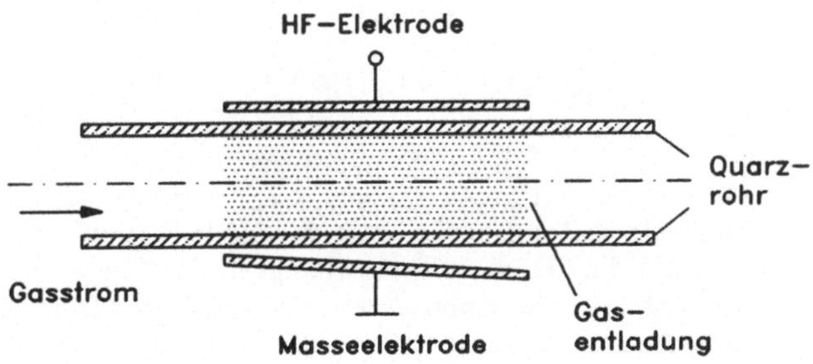

Abb. 2.3: Kontinuierliche Zunahme der Dicke der dielektrischen Schicht (Luftspalt) in Strömungsrichtung $\vec{v}$ durch Verkippen der Masseelektrode.

In der Abbildung 2.3 ist nur die Masseelektrode verkippt. Wird die auf HF-Potential liegende Elektrode verkippt, verlaufen die elektrischen Feldlinien zunehmend zum Gasabströmblock, der mit dem Massepotential verbunden ist. Dadurch kommt es verstärkt zum Verschleppen der Gasentladung in diese Richtung. Man kann diesen Effekt minimieren, indem man beide Elektrodenpotentiale symmetrisiert (s. Kapitel 6.5, S. 62), oder das elektrische Streufeld zwischen HF-Elektrode und Abströmblock mit einer Scheibe mit hohem ε_r gegen die Masseelektrode kurzschließt [73]. Die Begründung für den zweiten Fall ist, daß für die Feldstärke die Beziehung $E = j/(\omega\cdot\varepsilon_0\cdot\varepsilon_r)$ gilt (für die Abschätzung der Kapazität des Dielektrikums wurde die Geometrie eines Plattenkondensators angenommen). Interpretiert man wegen $j = \sigma E$ den Ausdruck $\omega \cdot \varepsilon_0 \cdot \varepsilon_r$ als die Hochfrequenzleitfähigkeit des Dielektrikums, so sieht man unmittelbar, daß diese mit ε_r zunimmt.

2.3.2 Entladungsinstabilitäten

In diesem Abschnitt werden einige allgemeine Enstehungsmechanismen derjenigen Entladungsinstabilitäten erläutert, die auch experimentell beobachtet werden konnten (s. Kapitel 6). Diese lassen sich grob in zwei phänomenologische Klassen einteilen: transiente "Entladungsfäden" mit im Vergleich zum restlichen Volumen deutlich höheren Leuchtdichten — sogenannte Filamente — und stationäre "Entladungsbögen" . Der erste Typ kann in der volumendominierten α–Entladung auftreten, während der zweite Typ die γ–Entladung anzeigt und seinen Ursprung in der elektrophysikalischen Grenzschicht hat [59]. Durch gezieltes Verändern der Betriebsparameter — Erhöhen der HF–Leistung beispielsweise — gehen die Filamente allmählich in die Bögen über. Ziel ist es, die Bedingungen für die Entstehung von Entladungsinstabilitäten zu kennen, um in Hinblick auf maximale Laserleistung und Strahlqualität die negativen Auswirkungen dieser Instabilitäten weitgehend vermeiden zu können.

Die Kinetik der Erzeugung und Vernichtung freier Elektronen und Ionen wird durch einen Satz gekoppelter Differentialgleichungen beschrieben [42]. Innerhalb der Filamente ist die Elektronendichte stark erhöht. Für eine qualitative Diskussion der Mechanismen, die zur Filamentierung der Entladung führen und geeigneter Gegenmaßnahmen wird deshalb zunächst die Bilanzgleichung der Elektronendichte n_e im quasineutralen Plasma[7] [59, 74]

$$\begin{aligned} \frac{\partial n_e}{\partial t} &= k_i\left(\frac{E}{n}\right) \cdot n \cdot n_e + \nabla \cdot (D \cdot \nabla n_e) - \nabla \cdot (\vec{v}\, n_e) \\ &\quad - k_a\left(\frac{E}{n}\right) \cdot n \cdot n_e - k_r\left(\frac{E}{n}\right) \cdot {n_e}^2 \end{aligned} \tag{2.15}$$

betrachtet. Darin bezeichnen $k_i(\frac{E}{n})$, $k_a(\frac{E}{n})$ und $k_r(\frac{E}{n})$ die von der reduzierten elektrischen Feldstärke abhängigen Ratenkoeffizienten für die Ionisation, die Anlagerung und die Rekombination und $\vec{v}$ die Strömungsgeschwindigkeit des Gases. Die gesamte Diffusion $D = D_a + D_T$ setzt sich aus *ambipolarer* und *turbulenter* Diffusion D_a bzw. D_T zusammen. Diese berechnen sich gemäß[8] [42]

$$D_a \approx D_e \cdot \frac{\mu_+}{\mu_e} = D_+ \cdot \frac{T_e}{T} = \mu_+ \cdot \frac{k\,T_e}{e}, \qquad \text{für} \qquad T_e \gg T \tag{2.16}$$

wobei die Indizes e bzw. $+$ die Größen für Elektronen bzw. positive Ionen bezeichnen, und [75]

$$D_T = 4{,}5 \cdot 10^{-3} \cdot \frac{v\,d}{Re^{0{,}125}}, \tag{2.17}$$

[7]Die Gleichung 2.15 gilt demnach näherungsweise nur in der Entladungssäule, hingegen nicht in der Grenzschicht.

[8]Die Bedingung $T_e \gg T$ ist für die zur Erzielung einer Besetzungsinversion besonders geeigneten Glimmentladung immer erfüllt.

wobei d die charakteristische Querdimension der Entladungsstrecke ist.

Der Beitrag negativer Ionen zur Enstehung von Elektronen durch Detachement ist in der vereinfachten Gleichung 2.15 vernachlässigt, so daß die Elektronenerzeugungsrate R_+

$$R_+ = k_i\left(\frac{E}{n}\right) \cdot n \cdot n_e \tag{2.18}$$

nur aus dem Stoßionisationsterm besteht. Die lokale Abnahme der Elektronendichte kann durch Diffusion, Konvektion, Anlagerung und Rekombination erfolgen, so daß die restlichen Terme in Gleichung 2.15 die Elektronenvernichtungsrate R_-

$$R_- = \nabla \cdot (D \cdot \nabla n_e) - \nabla \cdot (\vec{v}\, n_e) - k_a\left(\frac{E}{n}\right) \cdot n \cdot n_e - k_r\left(\frac{E}{n}\right) \cdot {n_e}^2 \tag{2.19}$$

bilden. In einer quasistationären Entladung ist die Gleichgewichtsbedingung für die Elektronendichte

$$\frac{\partial n_e}{\partial t} = R_+ + R_- = 0 \tag{2.20}$$

erfüllt. Durch zeitliche und räumliche Fluktuation der Gasentladungsparameter wie E/n, T_e und n etc. führen die in den Gleichungen 2.15 bzw. 2.18 und 2.19 erwähnten Prozesse zu Störungen des Elektronengleichgewichts in Gl. 2.20. Überwiegen gegenkoppelnde Prozesse, wie beispielsweise Rekombination, Diffusion und Wärmeleitung, werden diese kurzzeitigen Störungen ($\partial n_e/\partial t > 0$) gedämpft und die Entladung bleibt stabil. Anderenfalls tritt eine Instabilität auf, die je nach dominierendem Prozess als *thermische* Instabilität, *Anlagerungs*instabilität etc. bezeichnet wird [42, 47]. Bei HF-Entladungen tragen auch die Vorgänge in den Grenzschichten (s. Kapitel 2.1) zur Entstehung von Entladungsinstabilitäten bei [51, 53, 55, 56]. Bei konvektiv gekühlten CO_2-Lasern begrenzen vorwiegend thermische Instabilitäten die maximal einkoppelbare elektrische Leistung [76]. Sie werden deshalb im folgenden näher erläutert.

Für die Entstehung thermischer Instabilitäten ist der in Abb. 2.4 gezeigte Mechanismus bekannt [77, 42], der letztlich in einer Zunahme der Elektronendichte aufgrund einer Erhöhung der Stoßionisationsrate in Gleichung 2.15 resultiert.

Die geschlossene Wirkungskette veranschaulicht, daß der Prozess durch Fluktuation einer beliebigen der angegebenen Größen initiiert werden kann. Dabei führt beispielsweise eine Abnahme der Teilchendichte $\delta n \downarrow$ zu einer Zunahme der reduzierten Feldstärke $\delta E/n \uparrow$ und über die daraus folgende Erhöhung der Ionisationsrate $\nu_i(E/n)$ zu einer Zunahme der Elektronendichte $\delta n_e \uparrow$. Diese Instabilität ist in Richtung des elektrischen Feldstärkevektors $\vec{E}$ gerichtet, wodurch sich *Filamente* erhöhter Stromdichte j bilden. Durch die in den Filamenten erhöhte Leistungseinkopplung p_{HF}

$$p_{HF} = \langle \vec{j}\vec{E} \rangle = n_e e^2 \mu_e E^2 = \sigma E^2 \tag{2.21}$$

erhöht sich die Gastemperatur $\delta T \uparrow$, dh. die Gasdichte n nimmt ab, usw..

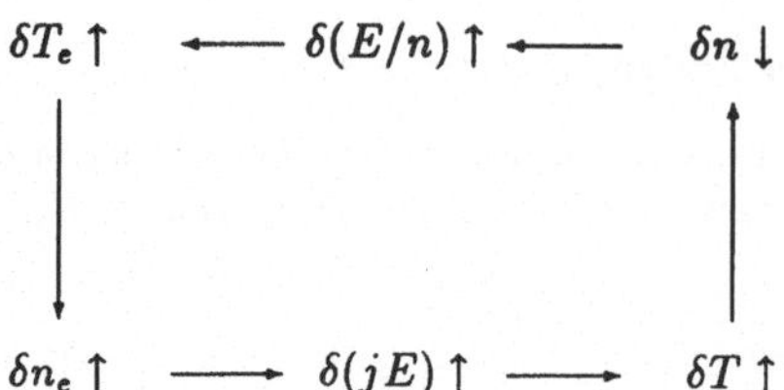

Abb. 2.4: Prinzip der Entstehung thermischer Instabilitäten. Das Symbol δ bedeutet eine positive ($\uparrow$) oder negative ($\downarrow$) Änderung einer Größe.

Stabilisierend wirkt, wie schon erwähnt, die Stromgegenkopplung der dielektrischen Schicht, indem sie durch einen steigenden Spannungsabfall die im Entladungsraum zur Verfügung stehende Feldstärke reduziert. Damit ist dort trotz der erhöhten Leitfähigkeit $\sigma = e\, n_e\, \mu_e$ die Stromdichte in ihrem Anstieg begrenzt.

Der Abtransport bzw. die Erschwerung der Entstehung einer Dichtestörung δn durch ambipolare Diffusion bzw. Turbulenz sowie Konvektion (Terme zwei und drei in Gleichung 2.15 kann ebenfalls die Entstehung von Filamenten verhindern. Dazu müssen die Zeitkonstanten der Transportphänomene kleiner sein als die Entstehungszeit τ_i der Filamente. Mindestens eine der beiden folgenden Bedingungen muß also erfüllt sein [78]:

$$\tau_D = \frac{L^2}{D_a + D_T} < \tau_i \,. \tag{2.22}$$

$$\tau_v = L/v < \tau_i \tag{2.23}$$

Dabei bezeichnen τ_D bzw. τ_v die Zeitkonstanten die der Diffusion bzw. für die Aufenthaltsdauer des Gases in der Entladung.

Für die Entwicklung von CO_2–Hochleistungslasern sind zwei kritische Faktoren von besonderer Bedeutung — der Gasdruck p und die eingekoppelte HF-Leistungsdichte p_{HF}. Um mit einem kompakten Laser hohe Leistungen erzielen zu können, sollten sowohl p als auch p_{HF} möglichst groß sein. Einer beliebigen Erhöhung von p und p_{HF} sind allerdings Grenzen gesetzt durch die Entstehung von Filamenten und schließlich durch den Übergang zu einer bogenähnlichen Hochstromentladung [64]. So lassen Berechnungen eine deutliche Abnahme der Entstehungszeit für Entladungsinstabilitäten τ_i mit zunehmender elektrischer Leistungsdichte jE bzw. steigendem Gasdruck p erkennen [79].

Wie in Kapitel 6 gezeigt wird, konnten diese Abhängigkeiten für längsgeströmte HF–Entladungen experimentell bestätigt werden. Darüber hinaus wurde ein Zusammenhang zwischen der Länge der Entladung in Feldrichtung und dem maximal möglichen Gasdruck bis zur Ausbildung von Entladungsfilamenten gefunden.

3 Anpassung des HF–Generators an die Entladung

In diesem Kapitel wird die Übertragung der HF–Leistung vom Generator zur Gasentladung, dem "Verbraucher" erläutert. Sie erfolgt mit Hilfe eines Koaxialkabels und eines Anpaßnetzwerkes. Letzteres gewährleistet bei korrekter Auslegung die Zündung der Entladung und die reflexionsfreie Einkopplung der HF–Leistung [80].

Zu Beginn wird ein Verfahren beschrieben, das die Analyse und Optimierung des hochfrequenten Verhaltens eines kompletten Lasersystems gestattet. Dazu werden detaillierte elektrische Ersatzschaltbilder des Anpaßnetzwerkes und des Lasers erstellt, die sich eng am realen Aufbau dieser Komponenten orientieren. Die Tauglichkeit dieser Ersatzschaltbilder wird durch die gute Übereinstimmung des gemessenen bzw. gerechneten Frequenzverhaltens der Eingangsimpedanz des realen Lasersystems bzw. des elektrischen Ersatzschaltbildes dokumentiert. Abschließend wird exemplarisch die Beeinflußbarkeit der Elektrodenspannung im ungezündeten Zustand mit Hilfe des Programms PSPICE[1] [81] analysiert.

3.1 Der HF–Generator

Im Rahmen der vorliegenden Arbeit wurden HF–Generatoren verwendet, die nach dem Oszillator–Verstärker–Prinzip arbeiten. Dabei erzeugt die Oszillatorstufe, gegebenenfalls mit Hilfe eines Schwingquarzes, die Hochfrequenz (hier: $\nu_{HF} = 13,56$ MHz), die in den nachfolgenden Verstärkerstufen auf die entsprechende Ausgangsleistung verstärkt wird. Die Übertragung dieser HF–Leistung geschieht in der Regel durch ein Koaxialkabel, so daß die elektromagnetischen Wellen ohne Abstrahlverluste zum Verbraucher gelangen.

Zwischen HF–Übertragungskabel und Gasentladung ist im allgemeinen ein Anpaßnetzwerk erforderlich. Es muß zwei Aufgaben erfüllen: 1. Die Generatorspannung auf Werte transformieren, die ein Erreichen der Zündfeldstärke gewährleisten und 2. eine Anpassung der Abschlußimpedanz an den Wellenwiderstand des HF–Übertragungskabels, der hier $50\,\Omega$ reell beträgt. Die Anpassung ist erreicht, wenn die reflektierte HF–Leistung identisch Null ist.

Die Einkopplung einer definierten HF–Leistung in die Gasentladung wurde durch eine Regelschaltung vereinfacht, welche die Vorwärtsleistung konstant hält. Dadurch erübrigt sich ein eventuelles Nachregeln der Generatorleistung während der Abstimmung des Anpaßnetzwerkes.

Bevor in den nächsten Abschnitten das HF–Verhalten und Zusammenwirken der wichtigsten verwendeten Komponenten erläutert werden, folgt zunächst eine kurze Beschreibung der Messung der Generatorleistung.

[1]PSPICE ist ein auf Personalcomputern lauffähiges Derivat des Netzwerkanalyse–Programms SPICE.

3.2 Kalibrierung der HF–Generatorleistung

Die in die Gasentladung eingekoppelte HF–Leistung wurde mit Hilfe eines Reflektometers (Fa. Hüttinger) ermittelt, das im wesentlichen aus einem Koaxial–Richtkoppler besteht und direkt zwischen dem Ausgang des HF–Übertragungskabels und dem Eingang des Anpaßnetzwerkes geschaltet war. Dieses Reflektometer liefert je ein der Vorwärts– und Rückwärtsleistung entsprechendes gleichgerichtetes Spannungssignal. Auf diese Weise kann die korrekte Abstimmung des Anpaßnetzwerkes mit Hilfe eines Voltmeters kontrolliert werden.

Die kalorimetrisch ermittelte Kalibrierkurve zeigt Abbildung 3.1. Dazu wurden der Temperaturanstieg ΔT und der Volumenstrom $\dot{V}_{H_2O}$ des Kühlwassers eines $50\,\Omega$–Lastwiderstands als Funktion des Reflektometersignals gemessen. Die im Lastwiderstand verbrauchte Leistung P_M errechnet sich dann nach

$$P_M = \Delta\dot{Q} = c_{H_2O} \cdot \dot{m}_{H_2O} \cdot \Delta T\,. \tag{3.1}$$

Es bedeuten $c_{H_2O} = 4,1868$ kJ/(kg K) die spezifische Wärmekapazität von H_2O und $\dot{m}_{H_2O} = \dot{V}_{H_2O} \cdot \rho_{H_2O}$, wobei $\rho_{H_2O} = 1$ kg/dm^3 die Dichte des Kühlwassers ist (die Angaben beziehen sich auf $T_{H_2O} = 20°$C).

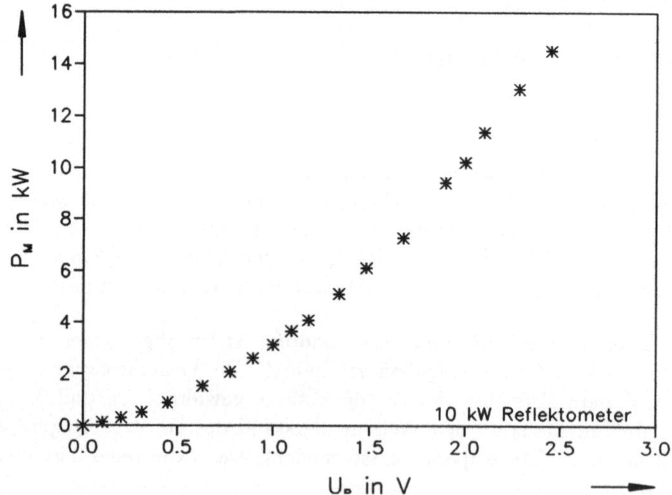

Abb. 3.1: Kalibrierkurve des verwendeten Reflektometers zur Bestimmung der HF–Leistung (kalorimetrisch gemessene Generatorleistung P_M als Funktion der Reflektometerspannung U_R).

3.3 Das Anpaßnetzwerk

Für das Anpaßnetzwerk verwendet man vorzugsweise Reaktanzen, so daß der Vorteil der verlustfreien kapazitiven Leistungseinkopplung weitgehendst erhalten bleibt. Um die

Ohmsche Verlustleistung $P_V = R_V \cdot I^2$ zu minimieren, sollten die Blindströme I und/oder die Ohmschen Widerstände R_V des Anpaßnetzwerkes möglichst klein sein[2]. Wie man aus dem *Smith-Diagramm*[3] [82, 83, 84] ersieht, sind dazu mindestens zwei Reaktanzen notwendig. Werden diese so gewählt, daß für die Impedanztransformation der kleinstmögliche Weg im Smith-Diagramm zurückgelegt wird, so treten die geringsten Verluste auf [82].

In industriellen Lasern kommen vorwiegend L-Transformationsglieder zum Einsatz, die nur aus relativ kostengünstigen Spulen bestehen (Abb.3.2a). Leicht abstimmbare Spulen mit niedrigen Verlusten lassen sich allerdings nur schwer realisieren. Da am Versuchsstand sehr unterschiedliche Entladungsbedingungen zu untersuchen waren (HF-Leistung, Gasdruck und Strömungsgeschwindigkeit, Elektrodenform, Entladungsrohrquerschnitt), konnte auf eine Abstimmung der Anpassung über einen großen Impedanzbereich nicht verzichtet werden. Deshalb wurde ein abstimmbares *Collins-Filter* [83, 85] verwendet.

Das Collins-Filter besteht aus drei Reaktanzen in Π-Schaltung (Abbildung 3.2b). Durch das zusätzliche Bauelement gegenüber dem einfachen L-Glied (Abbildung 3.2a) gewinnt man einen zusätzlichen Freiheitsgrad, z. B. für die in der Praxis günstigste Wahl der Bauelemente, oder um im ungezündeten Fall eine möglichst hohe Spannungsamplitude an den Elektroden zu erzielen. Zur Beeinflussung des Tansformationsverhaltens, werden die beiden Kapazitäten in den Querzweigen als abstimmbare Vakuumkondensatoren ausgeführt.

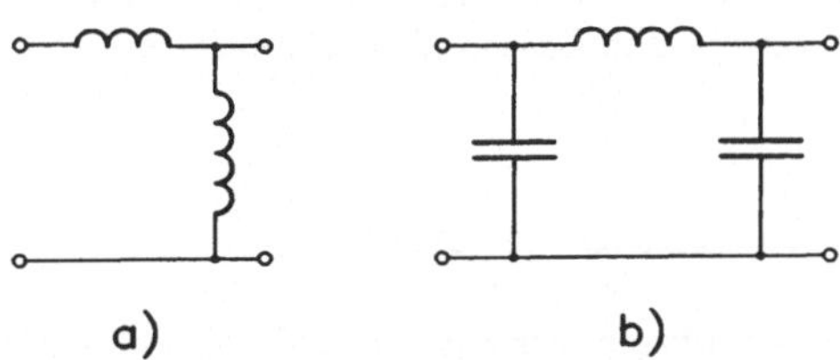

Abb. 3.2: Beispiel für ein L-Transformationsglied (a) und ein Π-Transformationsglied (b).

Um nun das HF-Verhalten von Anpaßnetzwerk und Gasentladungseinheit im ungezündeten und gezündeten Fall rechnerisch zu analysieren und zu optimieren, wurden ihre elektrischen Schaltbilder entwickelt. Dies wird im folgenden Abschnitt näher erläutert.

3.4 Erstellen der elektrischen Schaltbilder

Der Grundgedanke ist, die diskreten Impedanzen meßtechnisch zu erfassen und die parasitären Streukapazitäten und die verteilten Zuleitungsinduktivitäten vom Frequenzverhalten der komplexen Eingangsimpedanz abzuleiten [86].

[2] Eine hohe Güte $Q \sim 1/R_V$ des Anpaßnetzwerkes hat auch entsprechend hohe Spannungen an den Elektroden zur Folge, wie sie zum Erreichen der Zündfeldstärke notwendig sind.

[3] Das Smith-Diagramm ist eine konforme Abbildung der normierten rechten Impedanzhalbebene auf den Einheitskreis des Reflexionsfaktors.

Dazu wurden die Werte der vorhandenen elektrischen Bauelemente (Spulen, Kondensatoren[4]) mit Hilfe eines Vektorimpedanzanalysators vermessen[5] und verteilte Impedanzen (Zuleitungen, Abschirmbleche und Gehäuseteile etc.[6]) zunächst durch Näherungsformeln (z.B [82]) rechnerisch ermittelt. In einem iterativen Verfahren wurden die anfangs nur ungenau bekannten verteilten Impedanzen (bzw. ihre im betrachteten Frequenzbereich gültigen Ersatzschaltbilder) solange variiert, bis das gemessene und das rechnerisch ermittelte Frequenzverhalten der Eingangsimpedanz des Anpaßnetzwerks inklusive ungezündeter Gasentladungseinheit über einer weiten Frequenzbereich möglichst gut übereinstimmte.

Die diskreten Impedanzen und Streuimpedanzen verursachen als Funktion der Frequenz hochohmige (parallele) bzw. niederohmige (serielle) Resonanzen, deren Amplituden und Mittenfrequenzen das elektrische Schaltbild im betrachteten Frequenzbereich charakterisieren. Um das elektrische Verhalten eines kompletten Lasers — er besteht in der Regel aus einer Vielzahl von Entladungsrohren — möglichst realistisch modellieren zu können, ist ein großer Frequenzbereich anzustreben. Nur so können auch kleinere Streuimpedanzen und die daraus resultierenden hochfrequenten Resonanzen ($\omega_r = 1/\sqrt{L \cdot C}$) erfaßt werden. Durch diese enge Korrelation zwischen dem elektrischen Schaltbild und den realen Bauteilen des Lasers (z.B. Zuleitungen, Gehäuseteile, Elektrodenkapazitäten, Abstimmspulen etc.) ist es möglich, Einflüsse realer Bauteile zu analysieren und zu simulieren.

Im folgenden werden die repräsentativen elektrischen Schaltbilder für ein Anpaßnetzwerk in Π-Schaltung, ein Laser bestehend aus acht Entladungsrohren und schließlich das gesamte Schaltbild von Anpaßnetzwerk und Laser näher erläutert. Sie sind bis ca. 60 MHz gültig.

3.4.1 Schaltbild des Π-Anpaßnetzwerks

In Abbildung 3.3 ist das nach dem obigen Verfahren erstellte elektrische Schaltbild eines Anpaßnetzwerkes vom Π-Typ (Abbildung 3.2 b) gezeigt, wie es für einen HF-angeregten CO_2-Laser mit ca. 1,5 kW Strahlleistung verwendet wurde.

Im Anpaßnetzwerk sind die diskret vorhandene Längsinduktivität L_m (Spule aus Kupferrohr) und die beiden veränderbaren Kapazitäten C_l und C_t (Vakuumkondensatoren) erkennbar. Bei den übrigen Bauteilen handelt es sich um im betrachteten Frequenzbereich (100 kHz bis 100 MHz) zu berücksichtigende Streuimpedanzen bzw. Verlustwiderstände. Diese werden im wesentlichen durch das Material und die räumliche Anordnung und Ausführung der diskreten Bauteile und des metallischen Abschirmgehäuses bestimmt.

3.4.2 Schaltbild des ungezündeten Lasers

Der hier betrachtete Laser besteht aus acht Entladungsrohren, die strömungsmechanisch parallel und optisch in Reihe geschaltet sind. Die Zuführung der Hochfrequenz und die

[4] Die ungezündete Entladungsstrecke kann wie ein Kondensator mit verschiedenen Dielektrika behandelt werden.

[5] Um eine Zerstörung des empfindlichen Vektorimpedanzanalysators zu verhindern, sind Impedanzmessungen nur ohne Gasentladung möglich.

[6] Verteilte Impedanzen sind aufgrund ihrer geometrischen Ausdehnungen nicht direkt meßbar, oder nur mit unakzeptabel großen Fehlern.

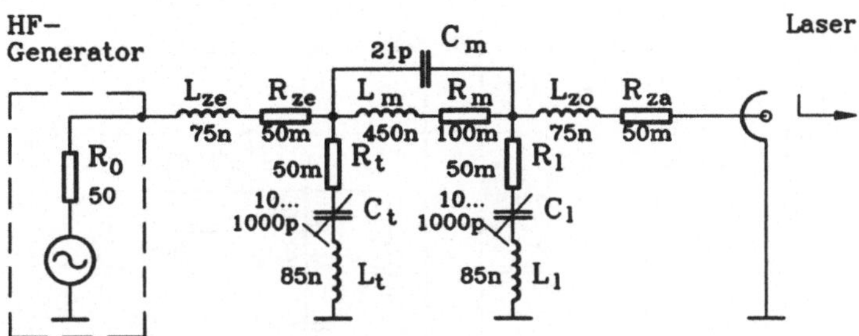

Abb. 3.3: Elektrisches Schaltbild des Π–Anpaßnetzwerkes (Collins–Filter).

elektrische Verbindung der einzelnen Rohre ist in Abbildung 3.4 dargestellt.

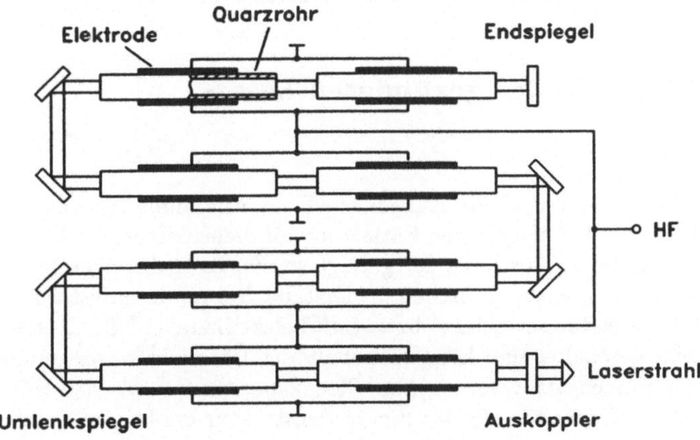

Abb. 3.4: Schematische Darstellung der Anordnung und Verschaltung der Entladungsrohre im untersuchten CO_2–Laser.

Abbildung 3.5 zeigt das elektrische Schaltbild des ungezündeten Lasers[7]. Der besseren Übersicht wegen wurde nur eines von vier Entladungsrohrpaaren eingezeichnet, welches von einer gemeinsamen HF–Zuleitung gespeist wird. Die Kapazitäten der ungezündeten Entladungsrohre sind jeweils durch C_{es} berücksichtigt. Die Kapazitäten C_p, C_{te} und C_s stellen einen Keramikkondensator, die durch Teflon als Dielektrikum in Richtung des elektrischen Feldes unterteilte HF–Elektrode und schließlich die Streukapazität der HF–Elektrode zum Abschirmgehäuse dar.

[7]Die elektrischen Versorgungs, Steuer– und Kontrolleitungen für das Gasmischsystem, die Gasumwälzpumpe etc. sind hier nicht weiter von Interesse.

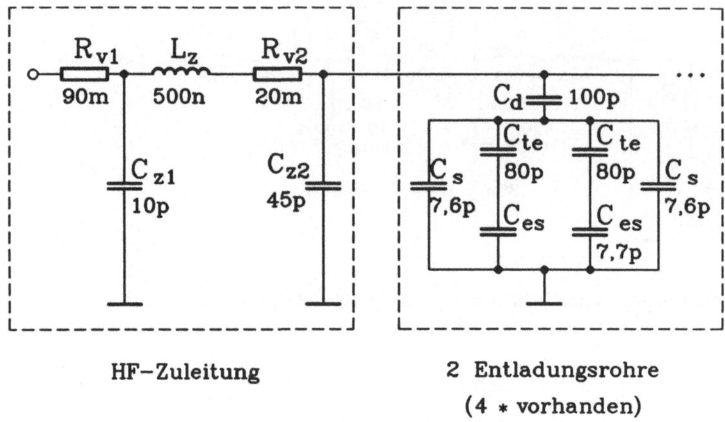

Abb. 3.5: Elektrisches Schaltbild des ungezündeten Lasers.

3.4.3 Schaltbild des gezündeten Lasers

Beim gezündeten Laser muß die Kapazität C_{es} in Abbildung 3.5 durch das elektrische Ersatzschaltbild der HF–angeregten Entladung mit dielektrischen Elektroden ersetzt werden. Wie in Kapitel 2, Abschnitt 2.1 gezeigt wurde, kann die eigentliche Gasentladung näherungsweise durch einen ohmschen Widerstand R_{Pl} repräsentiert werden. Zusammen mit den Kapazitäten für das Quarz– bzw. Luftdielektrikum und die Grenzschicht (sie sind direkt in Reihe geschaltet und können deshalb der Übersicht wegen zu einer Gesamtkapazität C_G zusammengefaßt werden), der Streukapazität C_S zwischen HF–Elektrode und Gehäuse und der Kapazität C_E der Elektrodenstruktur ergibt sich das Ersatzschaltbild von Abbildung 3.6.

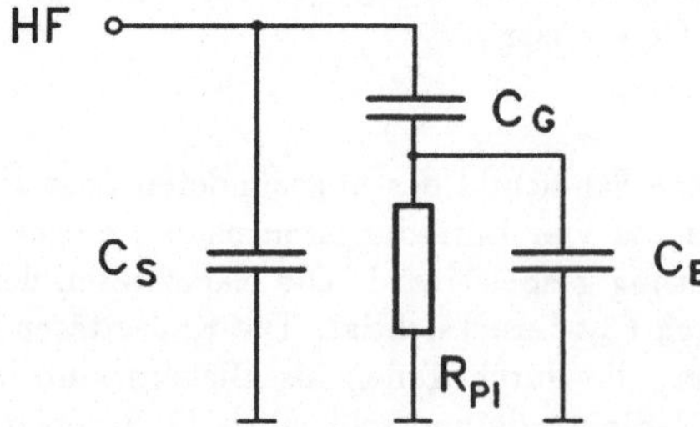

Abb. 3.6: Elektrisches Ersatzschaltbild des gezündeten Entladungsrohrs.

3.5 Vergleich der gemessenen und gerechneten Impedanzkurven

Wie bereits erwähnt, wurden die elektrischen Ersatzschaltbilder des ungezündeten Lasers und des Anpaßnetzwerks in einem iterativen Verfahren solange geändert, bis die Frequenzgänge der Eingangsimpedanzen der Schaltbilder mit den gemessenen Frequenzgängen möglichst gut übereinstimmten. Ein Vergleich der Abbildungen 3.7 und 3.8 zeigt, daß dies für Frequenzen bis etwa 60 MHz in guter Näherung der Fall ist.

Die Impedanzkurven der Ersatzschaltbilder wurden mit Hilfe des Netzwerkanalyse-Programms PSPICE berechnet. Die im folgenden erläuterten Untersuchungen wurden ebenfalls mit PSPICE durchgeführt.

3.6 HF-Verhalten von Anpaßnetzwerk und Laser

Anhand der so erarbeiteten elektrischen Schaltbilder kann nun das HF-Verhalten des untersuchten Lasers in realistischer Weise analysiert und simuliert werden.

Abbildung 3.9 zeigt beispielsweise für den ungezündeten Fall die Spannung an den Elektroden und die Eingangsimpedanz als Funktion der Frequenz. Man erkennt, daß die Frequenzen der Spannungsresonanzen und der niederohmigen Resonanzen der Impedanz (Serienresonanz aus C_{ges} und L_m, wobei $C_{ges} = C_E \parallel C_l$, C_l und L_m in Abbildung 3.3 bezeichnet sind und C_E die Ersatzkapazität des ungezündeten Lasers darstellt) identisch sind. Die Höhe dieser Resonanz ist praktisch nur von der Güte $Q = \sqrt{L_m/C_{ges}}/R_V$ abhängig. Deshalb und um die Verlustleistung zu minimieren sollte R_V möglichst klein sein.

Damit ergibt sich ein taugliches Instrumentarium, um eine zuverlässige Zündung der HF-Entladung zu gewährleisten. Ziel für ein optimiertes Zündverhalten ist es, diese Serienresonanz der Impedanz (in Abbildung 3.9 bei 12 MHz) in die Nähe der Betriebsfrequenz zu schieben (hier 13,56 MHz). Die Transformationseigenschaften des koaxialen HF-Übertragungskabels [84] müssen allerdings mitberücksichtigt werden[8], so daß die Messung des Impedanzverhaltens zweckmäßigerweise am Eingang des HF-Kabels durchgeführt wird.

Auf diese Weise konnte in allen Experimenten eine Zündung der Entladung schon bei kleinen Generatorleistungen erzielt werden. Dies ist in der Versuchspraxis von großem Vorteil, da beispielsweise bei der Untersuchung unterschiedlicher Entladungsrohrquerschnitte die jeweiligen Impedanzen der Entladungseinheit ebenfalls unterschiedlich sind. Die Zündung der Entladungen durch schrittweise Ändern der beiden Vakuumkondensatoren des Anpaßnetzwerks ist dann immer wieder sehr mühsam und zeitaufwendig.

Durch eine Analyse mit PSPICE kann quantitativ die notwendige Änderung eines Bauteils ermittelt werden, damit die Spannungsresonanz nahe der Betriebsfrequenz liegt. Das ist besonders bei jenen Bauteilen hilfreich, bei denen ein kontinuierliches Durchstimmen während der Messung nicht möglich ist, z.B. bei Spulen mit diskreten Abgriffen. In Abbildung 3.10 ist repräsentativ der Einfluß der Längsinduktivität L_m auf die Resonanzfrequenz der Elektrodenspannung gezeigt.

[8] Die $\lambda/2$-Länge des Kabels — sie entspricht der Einheitstransformation $\underline{Z}_{\lambda/2} = \underline{Z}$ — beträgt $\lambda/2 = c_0/(2\,\nu\,\sqrt{\epsilon_r}) \approx 7,3$ m, mit $\nu = 13,56$ MHz, $c_0 = 3 \cdot 10^8$ m/s und $\epsilon_r \approx 2,3$ (Polyäthylen Isolation).

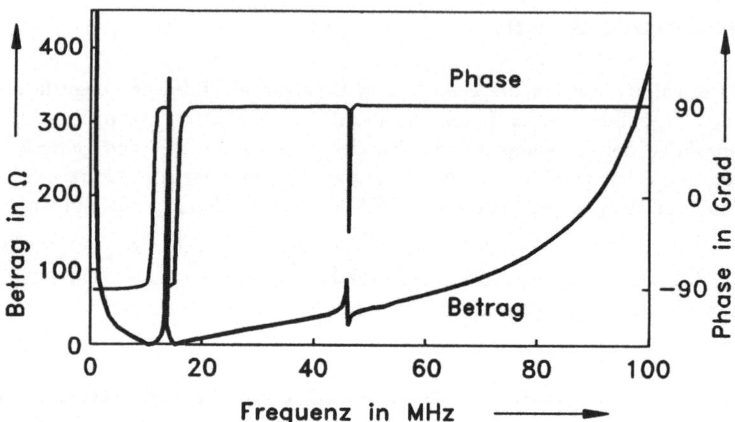

Abb. 3.7: Gemessenes Frequenzverhalten der Impedanz des ungezündeten Lasers und des Anpaßnetzwerks.

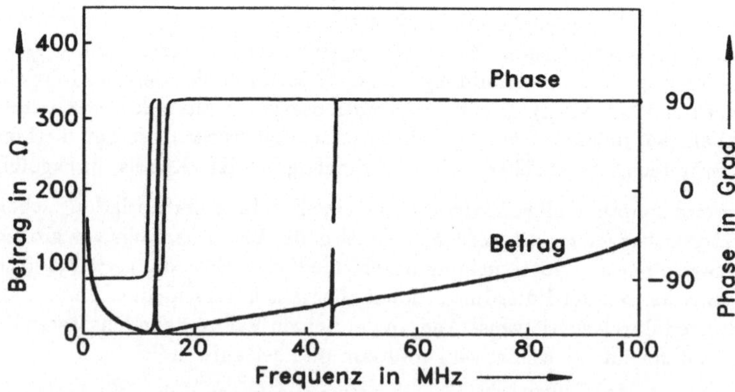

Abb. 3.8: Gerechnetes Frequenzverhalten der Impedanz des ungezündeten Lasers inklusive Anpaßnetzwerk aus Abbildung 3.5.

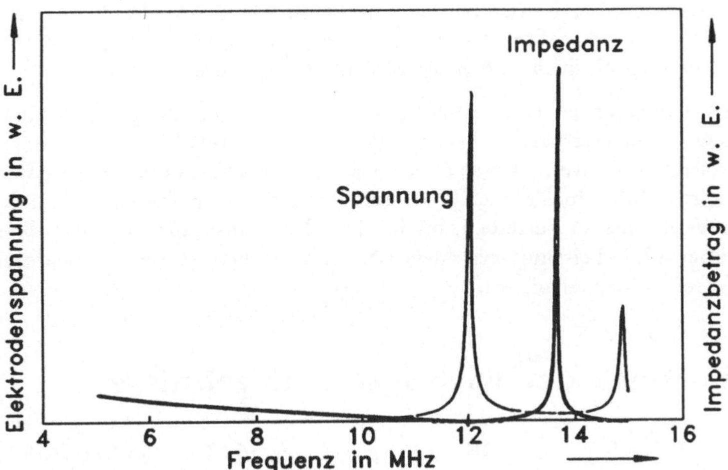

Abb. 3.9: Gerechnete Spannungsresonanzen und entsprechende Impedanzresonanzen im Bereich um die Betriebsfrequenz (hier: 13,56 MHz) für den ungezündeten Fall.

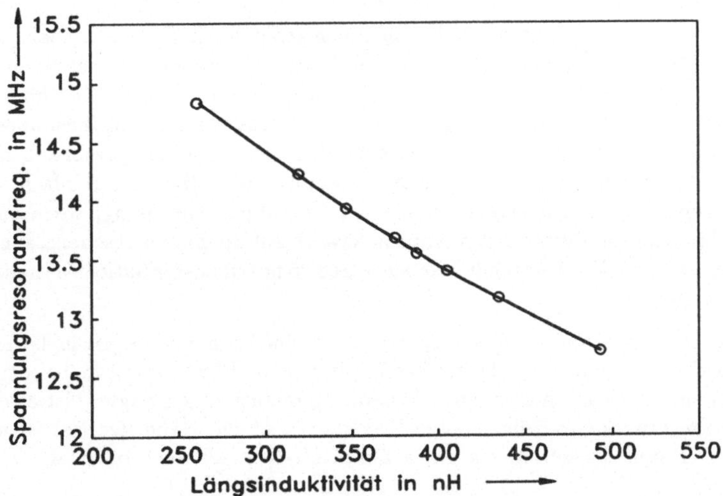

Abb. 3.10: Rechnerisch ermittelter Einfluß der Längsinduktivität des Π–Anpaßnetzwerkes auf die Resonanzfrequenz der Elektrodenspannung.

Im gezündeten Fall wird die hochohmige Impedanzresonanz in der Nähe der Betriebsfrequenz (siehe Abbildung 3.9) durch den Plasmawiderstand bedämpft und in Richtung Betriebsfrequenz verschoben. Durch die mit der HF–Leistung zunehmende Grenzschichtkapazität C_{Gr} [24] verstimmt sich die Parallelresonanz gemäß $\omega_r = 1/\sqrt{L\,C_{Gr}}$ zu kleineren Frequenzen. Bei korrekter Einstellung des Anpaßnetzwerks (= minimale reflektierte HF–Leistung) ergibt sich dann bei der Betriebsfrequenz ein Impedanzbetrag von genau 50 Ω

(= Wellenwiderstand des HF-Kabels) und eine Phase von 0°. Niederohmige und hochohmige Impedanzresonanz sollten also möglichst eng beisammen liegen, um sowohl eine zuverlässige Zündung, als auch eine optimale Anpassung zu ermöglichen.

Im Experimentierbetrieb ist nach erfolgter Zündung der Entladung ein Nachstimmen des Anpaßnetzwerkes erforderlich, wenn sich durch wechselnde Betriebsbedingungen (Gasdruck, Gasmischungsverhältnisse etc.) auch die Entladungsimpedanz entsprechend ändert. Dann ist es zweckmäßig den HF-Generator zunächst im Tastbetrieb mit kleinem Puls-Pausen-Verhältnis zu betreiben, bis bei korrekter Einstellung des Anpaßnetzwerkes die reflektierte HF-Leistung sehr klein ist. So wird eine zu starke Erwärmung der Endstufe des Generators vermieden.

3.7 Überblick der wichtigsten Ergebnisse

Um das elektrische Verhalten eines HF-angeregten Lasers mit Hilfe des Netzwerkanalyse-Programms PSPICE untersuchen zu können, wurde ein elektrisches Schaltbild des Lasers inklusive Anpaßnetzwerk (Π-Glied) erstellt. Durch Berücksichtigung sowohl der realen Bauteile als auch der Streuimpedanzen, konnte eine gute Übereinstimmung des Impedanzverhaltens von Ersatzschaltbild und realem Laser im Frequenzbereich von 0 MHz - 60 MHz erzielt werden.

Eine rechnerische Analyse ergab, daß sich im ungezündeten Fall eine Spannungsresonanz als Funktion der Frequenz ergibt. Diese durch eine geeignete Einstellung des Anpaßnetzwerkes auf die Betriebsfrequenz zu schieben, ist ein wichtiges Ziel für ein gutes Zündverhalten. Bei der Untersuchung des Frequenzverhaltens der Eingangsimpedanz des Lasers inklusive Anpaßnetzwerk zeigte es sich, daß diese Spannungsresonanz mit einer niederohmigen (serielle) Impedanzresonanz zusammenfällt. Damit vereinfacht sich das Zünden, beispielsweise nach einem Umbau der Entladungsanordnung, wenn zuvor mit Hilfe eines Impedanzanalysators das Anpaßnetzwerk auf Spannungsresonanz abgeglichen wird. Dabei ist das HF-Übertragungskabel wegen seines Transformationsverhaltens mitzuberücksichtigen.

In der Nähe der niederohmigen Resonanz tritt noch eine hochohmige (parallele) Resonanz auf, die durch das gezündete Plasma bedämpft und in Richtung Betriebsfrequenz (zu niedrigen Frequenzen) geschoben wird. Wie die Untersuchungen zeigten, ist es mit Hilfe des Π-Anpaßnetzwerkes möglich, beide Resonanzen in die Nähe der Betriebsfrequenz zu schieben. Damit ist sowohl ein gutes Zündverhalten, als auch optimale Anpassung möglich.

Durch die enge Korrelation zwischen realem Laser und Ersatzschaltbild konnte der Einfluß der verschiedenen Bauteile auf das elektrische Verhalten analysiert werden. Exemplarisch wurde der Einfluß der Längsinduktivität des Π-Anpaßnetzwerkes auf die Zündspannung der Elektroden untersucht.

4 Messung des Plasmawiderstands

In diesem Kapitel werden Verfahren zur Messung der Entladungsimpedanz vorgestellt und einige typische Ergebnisse für den Plasmawiderstand diskutiert. Gemäß den Erläuterungen in Kapitel 2 wird die reine Entladungsimpedanz definiert als $\underline{Z}_E = R_{Pl} - i/(\omega C_{Gr})$, was einer Serienschaltung aus Grenzschichtkapazität C_{Gr} und Plasmawiderstand R_{Pl} entspricht. Diese strenge Unterscheidung in *Entladungs*impedanz und *Plasma*widerstand ist notwendig, weil im α–Modus (und nur dieser ist für CO_2–Laser interessant) nur die "Entladungssäule" als Plasma bezeichnet werden kann (d.h. es gilt $n_e \approx n_i$). In der Grenzschicht hingegen gilt $n_e \ll n_i$.

Die Kenntnis der Entladungsimpedanz der HF–Entladung für verschiedene Betriebsbedingungen ist aus folgenden Gründen wichtig:

- Bereitstellen der Auslegungsdaten für Anpaßnetzwerke
- Charakterisierung der Entladung
- Berechnung elektrischer Parameter
- Modellierung der Entladung
- Modellierung der Laserkinetik .

Für die Messung der Entladungsimpedanz sind verschiedene Verfahren bekannt, die nachstehend aufgeführt werden:

1. Substitutionsmethode:
   Die zu messende Impedanz wird durch ein entsprechendes elektrisches Netzwerk ersetzt. Die Bauelementewerte werden solange verändert, bis die reflektierte Leistung nahezu Null ist (Anpaßbedingung). Die gesuchte Entladungsimpedanz ergibt sich dann unmittelbar aus den Bauteilewerten (z.B. [88]).

2. Methode der konjugiert komplexen Ausgangsimpedanz:
   Nachdem das Anpaßnetzwerk bei gezündeter Entladung abgeglichen wurde, wird der Eingang mit 50 Ω (Innenwiderstand des Generators) abgeschlossen und der Ausgang abgetrennt. Die Impedanz des Verbrauchers ist dann gerade die konjugiert komplexe Ausgangsimpedanz des Anpaßnetzwerkes[1] (z.B. [89]).

3. Direkte Strom/Spannungsmessung:
   Hier macht man Gebrauch von der Beziehung für die Impedanz $\underline{Z} = R + i\,X = \underline{U}/\underline{I} = (U/I) \cdot exp(i(\omega t + \Theta))$, wobei Θ den Phasenwinkel zwischen Spannung $\underline{U}$ und Strom $\underline{I}$ bezeichnet. Nach der Messung von U,I und Θ ist dann auch R und X bekannt gemäß $R = (U/I) \cdot \cos\Theta$ und $X = (U/I) \cdot \sin\Theta$ (z.B. [90]).

[1]Dies folgt direkt aus der Wirkleistungsanpassung $\underline{Z}_V = \underline{Z}_G^*$, wobei hier $\underline{Z}_V$ beispielsweise die Impedanz des Laserkopfes und $\underline{Z}_G^*$ die konjugiert komplexe Impedanz des Generators inklusive Anpaßnetzwerk ist.

Alle genannten Verfahren haben ihre spezifischen Nachteile. Für die beiden ersten muß beispielsweise der Betrieb der Entladung unterbrochen werden. Außerdem liefern sie lediglich eine Gesamtimpedanz $\underline{Z}_G = R + i\,X$, die dann sehr aufwendig auf das tatsächliche Ersatzschaltbild umgerechnet werden muß. Sie sind deshalb eher für die Verhältnisse eines einzelnen Entladungsrohres bzw. für quergeströmte Laser geeignet. Die Messung der im allgemeinen sehr kleinen Phasenwinkel begrenzt die Genauigkeit der dritten Methode.

Im folgenden werden zwei alternative Verfahren zur Bestimmung der Entladungsimpedanz vorgestellt. Im Anschluß daran werden ergänzende Strommessungen diskutiert.

4.1 Rechnerische Simulation der Impedanz im Anpaßfall

Der Vorteil des folgenden im Rahmen dieser Arbeit entwickelten Verfahrens [86] ist, daß man auch für die sehr komplexen elektrischen Verhältnisse eines längsgeströmten Lasers — er besteht in der Regel aus mehreren Entladungsrohren — den Plasmawiderstand direkt erhält.

Ausgangspunkt ist das elektrische Schaltbild des kompletten gezündeten Lasers (Anpaßnetzwerk und Laserkopf, s. auch Kapitel 3, Abschnitt 3.4). Dort werden für die beiden abstimmbaren Kondensatoren C_l und C_t des Anpaßnetzwerkes (s. Abbildung 3.3, S. 30) diejenigen Werte eingesetzt, die sich aus der zuvor durchgeführten Anpassung ergaben. Im elektrischen Schaltbild des gezündeten Lasers sind dann nur noch die Impedanzen der einzelnen Entladungsrohre unbekannt, welche als identisch angenommen werden können. In einem iterativen Verfahren ergibt sich die gesuchte Entladungsimpedanz dann durch rechnerische Variation, bis die Eingangimpedanz des Anpaßnetzwerkes gerade $50\,\Omega$ reell beträgt.

Für den in Abbildung 3.4 dargestellten Laser, wurde dieses Verfahren exemplarisch mit Hilfe des Netzwerkanalyse–Programms PSPICE durchgeführt. Für eine HF–Leistungsdichte von ca. 11 W/cm^3, einem Lasergasdruck von 115 hPa und einem Gasmischungsverhältnis von He:N_2:CO_2=4:1:16 ergab sich der spezifische Plasmawiderstand[2] $\rho \approx 23$ k$\Omega\cdot$ cm.

Um das Verhalten der Entladungsimpedanz für eine Vielzahl von Betriebsparametern zu untersuchen, wurden Messungen mit einem Leitungsreflektometer an einem einzelnen Entladungsrohr durchgeführt. Das Meßprinzip und die Ergebnisse werden nachfolgend beschrieben.

4.2 Messung mit dem Leitungsreflektometer

Die Messung der Entladungsimpedanz mit Hilfe des Leitungsreflektometers beruht auf der Theorie schwach gekoppelter Leitungen [91]. Wird die Nebenleitung an ihren beiden Enden mit ihrem Wellenwiderstand $\underline{Z}_{NL}$ abgeschlossen, lassen sich Spannungen messen,

[2] $\rho = R_{Pl} \cdot A_{Pl}/d_E$; A_{Pl} ist die effektive Fläche der Entladungsäule senkrecht zum elektrischen Feld und d_E ist die effektive Länge der Entladungssäule in Richtung des elektrischen Feldes.

aus denen sich direkt die vor– und rücklaufende Spannungswelle auf der Hauptleitung berechnen läßt.

Die Untersuchungen mit dem Leitungsreflektometer und die ebenfalls in diesem Kapitel beschriebenen Strommessungen wurden an einzelnen Entladungsrohren mit rechteckförmigen Querschnitten durchgeführt. Der Versuchsaufbau ist schematisch in Abbildung 4.1 gezeigt. Eine detaillierte Erläuterung der einzelnen Bestandteile und der Funktionsweise des gesamten Versuchsstandes erfolgt in Kapitel 6.

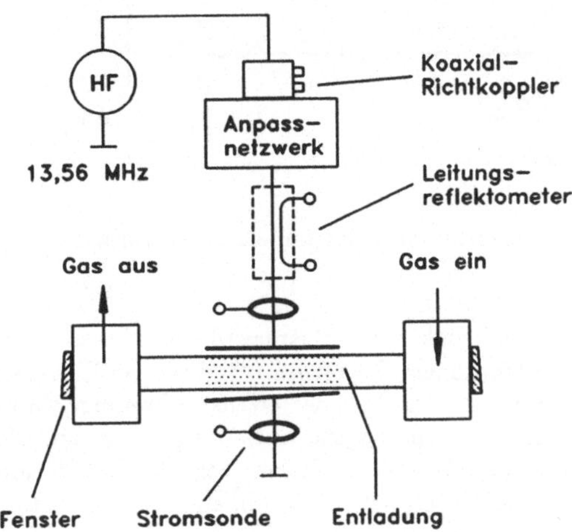

Abb. 4.1: Schematischer Aufbau für die Impedanzmessungen.

Das Meßprinzip ist in Abbildung 4.2 dargestellt. Mit Hilfe eines Vektorvoltmeters wird das Verhältnis U_{10}/U_{1l} und die Phase $\arg\left|\frac{\underline{U}_{10}}{\underline{U}_{1l}}\right|$ der vor– und rücklaufenden Welle $\underline{U}_{10}$ bzw. $\underline{U}_{1l}$ bestimmt. Daraus läßt sich dann der Wirk– und der Blindanteil der Gesamtimpedanz $\underline{Z}_G = R + i\,X$ berechnen [92, 93]:

$$R_G = Z_{HL} \cdot \frac{1 - b^2}{b^2 - 2b\cos\Psi + 1} \tag{4.1}$$

$$X_G = 2Z_{HL} \cdot \frac{b\sin\Psi}{b^2 - 2b\cos\Psi + 1} \, . \tag{4.2}$$

Dabei wurden die Abkürzungen

$$b = U_{10}/U_{1l} \qquad \text{und} \qquad \Psi = \arg\left|\frac{\underline{U}_{10}}{\underline{U}_{1l}}\right| \tag{4.3}$$

verwendet. Die Kalibrierfaktoren für Betrag und Phase wurden aus den Meßwerten der ungezündeten Entladung bestimmt. Sie ergeben sich aus der Forderung, daß die gesuchte Impedanz in diesem Fall eine reine Kapazität ist.

Den tatsächlichen Wert des Plasmawiderstands liefert wiederum erst die Umrechnung der Gesamtimpedanz auf das Ersatzschaltbild der Entladungsanordnung (s. Abbildung 3.6, S. 31). Die Auswertung der Meßwerte inklusive der Transformation auf den Plasmawiderstand wurde durch ein PC–Programm ausgeführt [94].

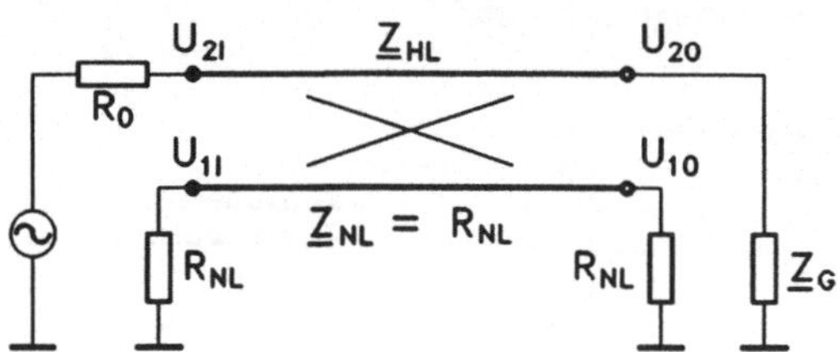

Abb. 4.2: Meßprinzip zur Bestimmung der unbekannten Impedanz Z_G mittels Leitungsreflektometer.

Die Untersuchungen der Abhängigkeit des Plasmawiderstandes erfolgten an einzelnen Entladungsrohren mit rechteckförmigem Querschnitt und planen Elektroden. Damit wurden bei unterschiedlichen Rohrmaßen auch ohne jeweils aufwendige Optimierung der Elektrodenformen (s. auch Kapitel 6) homogene Entladungen erzeugt. Die Entladungsrohre hatten eine innere Breite von 46 mm und Höhen von 15 mm, 25 mm und 46 mm. Die Gasmischung wurde mit He:N_2:CO_2=16:4:1 Volumenanteilen konstant gehalten. Abbildung 4.3 zeigt den Einbau des Leitungsreflektometers in den verwendeten Aufbau für die Impedanzmessungen.

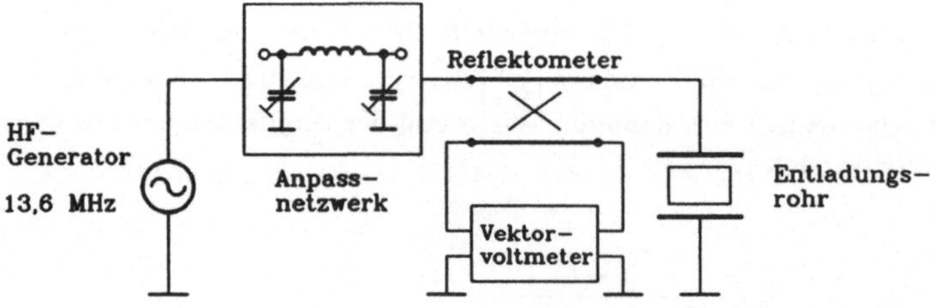

Abb. 4.3: Schematischer Meßaufbau zur Bestimmung der Entladungsimpedanz mit dem Leitungsreflektometer.

In Abbildung 4.4 ist der spezifische Plasmawiderstand als Funktion der eingekoppelten HF–Leistungsdichte dargestellt. Er ist für alle drei Rohre für konstante HF–Leistungsdichte nahezu identisch. Das bedeutet, daß unter den Betriebsbedingungen von Abbildung 4.4 (homogene Entladung, keine Filamente) der Plasmawiderstand proportional zur Länge der Entladung in Feldrichtung ist, d.h. $R_{Pl} \sim d_E$. In diesem Fall skaliert der Plasmawiderstand der schnell längsgeströmten HF–CO_2–Entladung mit dem Volumen wie ein rein ohmscher Widerstand, ein Verhalten, das von der positiven Säule der Gleich-

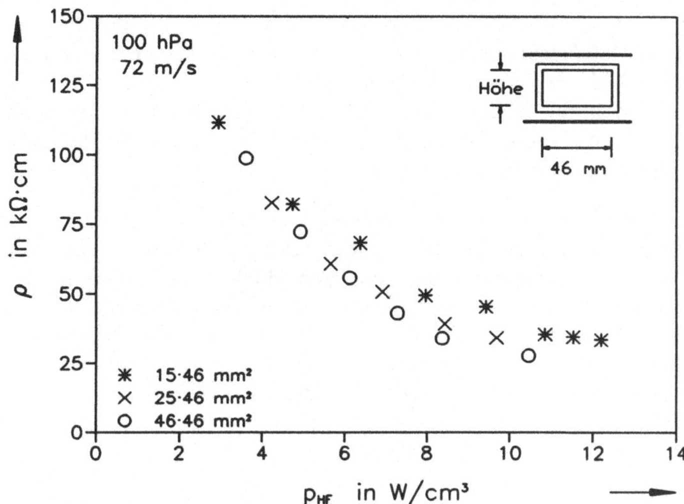

Abb. 4.4: Spezifischer Plasmawiderstand ρ als Funktion der eingekoppelten HF-Leistungsdichte p_{HF} für drei unterschiedliche Entladungsrohre, bei einer Anströmgeschwindigkeit von 72 m/s und einem Gasdruck von 100 hPa.

stromentladung bekannt[3] ist. Es legt den Schluß nahe, daß in diesem Entladungsregime (abhängig von der Anregungsfrequenz, Leistungsdichte, Gasdruck) die elektrophysikalischen Grenzschichten noch keine dominierende Rolle spielen.

Außerdem ist deutlich zu erkennen, wie der spezifische Plasmawiderstand mit zunehmender HF-Leistungsdichte abnimmt. Der Grund ist die zunehmende Ionisierung, d.h. Enstehung freier Elektronen. Dies ist ebenfalls von der gleichstromangeregten Glimmentladung bekannt, wo die Brennspannung U_B innerhalb eines großen Strombereichs nahezu konstant bleibt [42, 95]. Wegen $P = U \cdot I = U_B^2/R$ folgt dann $R \sim 1/P$.

Durch die Kombination der bisherigen Erkenntnisse folgt wegen $R_P(d_E, p_{HF}) = \rho(p_{HF}) \cdot \frac{d_E}{A} = \frac{U^2}{P_{HF}} = \frac{E^2 \cdot d_E^2}{p_{HF} \cdot d_E \cdot A}$ und $E(p_{HF}) \approx const$ schließlich $\rho \sim \frac{1}{p_{HF}}$.

4.3 Strommessungen

Für die Messung des Entladungsstroms wurden die Zuleitung der HF-Elektrode und der Masseelektrode durch je eine Stromspule (Hersteller: Pearson, Modell 110) geführt, siehe Abbildung 4.1. Diese wandeln den zu messenden zeitabhängigen Strom nach dem Induktionsprinzip in ein dazu proportionales Spannungssignal um (Rogowski-Spule). Durch die geringe Einfügedämpfung bleibt der Entladungskreis nahezu unbeeinflußt. Die Bandbreite dieser Stromsonde beträgt 55 MHz.

[3]Innerhalb der positiven Säule der Länge l ist $n_e \approx const$ und $E \approx const$, d.h. aus $U = E \cdot l = R \cdot I$ folgt wegen $I \sim n_e$ [95]: $R \sim l$.

Um Feldverzerrungen gering zu halten, wurde ein Kupferrohr zentrisch und senkrecht zur Spulenöffnung durch diese hindurchgeführt. Die Signale wurden mittels einer am Metallgehäuse der Entladungseinheit geerdeten Koaxialdurchführung aus der Entladungseinheit geführt, wobei jeweils die Abschirmung der Spule über den Außenmantel des Koaxialkabels mit dem auf Massepotential liegenden Metallgehäuse der Entladungseinheit verbunden war. Auf diese Weise ist der das Meßsignal führende Innenleiter vor der HF–Störstrahlung wirkungsvoll abgeschirmt.

In Abbildung 4.5 sind die Spitze–Spitze–Ströme beider Sonden als Funktion der eingekoppelten HF–Leistung dargestellt. Die Ausgleichsgeraden haben im Rahmen der Meßgenauigkeit die gleichen Steigungen, aber unterschiedliche y–Achsabschnitte ($P_{HF} = 0$). Diese Beiträge zum Gesamtstrom sind reine Blindanteile — verursacht von den Streukapazitäten C_S und C_E (s. Abbildung 3.6, S. 31) und den Zuleitungsinduktivitäten — und deshalb an beiden Meßstellen unterschiedlich. Bei einem positiven Achsabschnitt überwiegt der kapazitive Anteil (entsprechend der Phase $+i$), bei einem negativen der induktive (Phase $-i$).

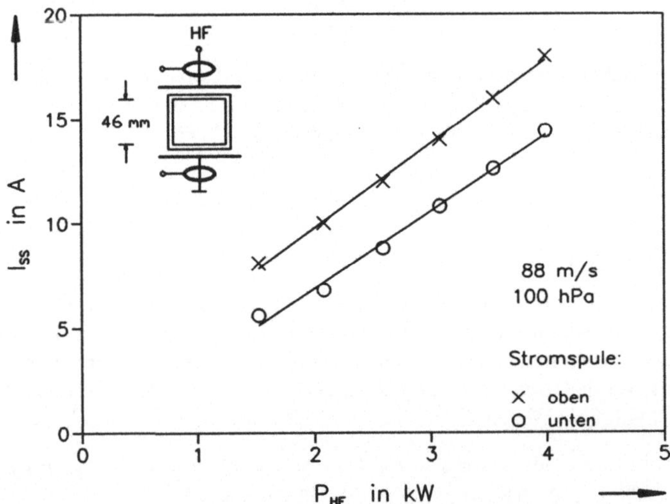

Abb. 4.5: Spitze–Spitze–Strom I_{SS} der oberen (HF–) und unteren (Masse–) Stromspule als Funktion der eingekoppelten HF–Leistung.

Eliminiert man diese Blindströme, so ergibt sich im Rahmen der Meßgenauigkeit gute Übereinstimmung zwischen den mit dem Leitungsreflektometer und der Stromspule erhaltenen Ergebnissen. Für diesen Vergleich (siehe Abbildung 4.6) wurden im zweiten Fall die spezifischen Plasmawiderstandswerte aus den Meßwerten für den Strom und die HF–Leistung berechnet gemäß

$$\rho = R_{Pl} \cdot \frac{A_{Pl}}{d_E} = \frac{8 \cdot P_{HF} \cdot A_{PL}}{I_{SS}^2 \cdot d_E} , \tag{4.4}$$

wobei für den Effektivwert des Stromes $I = I_{SS}/(2 \cdot \sqrt{2})$ gilt. Die insgesamt etwas höheren Werte (ca. 10% – 20%) können durch die Messung der HF–Leistung mit Hilfe des Koaxial–Richtkopplers (Firma Hüttinger) erklärt werden. Aufgrund der räumlichen Anordnung (siehe Abbildung 4.1) berücksichtigt sie nicht die ohmschen Verluste innerhalb des Anpaßnetzwerkes. Wegen des linearen Zusammenhangs ergibt nach Gleichung 4.4 ein systematisch zu hoher Meßwert für die eingekoppelte Leistung rechnerisch auch einen zu hohen Wert für den Plasmawiderstand.

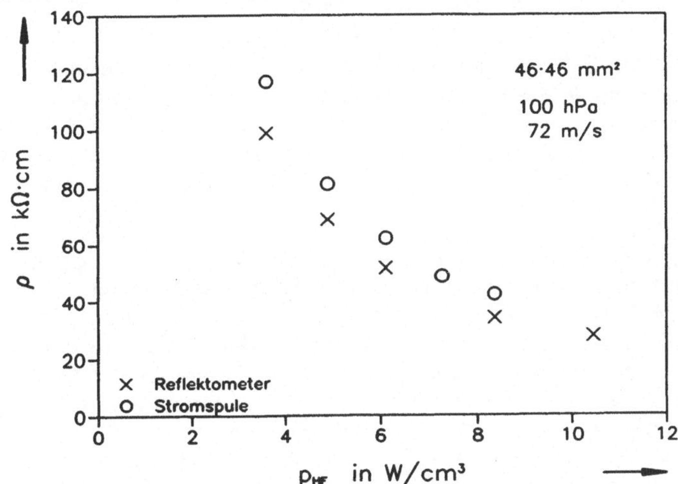

Abb. 4.6: Vergleich der spezifischen Plasmawiderstände ρ aus den Messungen mit dem Leitungsreflektometer und der (unteren) Stromspule als Funktion der HF–Leistungsdichte p_{HF}.

An dieser Stelle sei noch darauf hingewiesen, daß der zeitliche Stromverlauf auch bei harmonischer Anregung Abweichungen von der Harmonizität zeigen kann. Diese Abweichungen vom sinusförmigen Verlauf waren mit Hilfe eines Oszilloskops nur bei hohen Leistungseinkopplungen deutlich erkennbar. Als Ursache für dieses nichtlineare Verhalten wird in [96] die Änderung der Grenzschichtdicke während einer HF–Periode genannt. Legt man für die Entladung das einfache Ersatzschaltbild aus Abbildung 2.1 zugrunde, ist die Kapazität, welche die Grenzschicht darstellt keine Konstante mehr, sondern eine zeitabhängige Größe. Für den Wechselstromkreis mit der äußeren Spannung $U_0 \sin \omega t$ gilt dann vereinfachend die Differentialgleichung:

$$R_{Pl} \cdot \frac{dI}{dt} + \frac{d}{dt}\left(\frac{Q}{C(t)}\right) = \omega \cdot U_0 \cos \omega t \,. \tag{4.5}$$

Diese Differentialgleichung mit *nicht* konstanten Koeffizienten hat keine rein harmonische Lösung mehr. Die Kennlinie $U = Z \cdot I$ der Gesamtimpedanz $\underline{Z} = R_{Pl} + \frac{i}{\omega C(I(t))}$ ist nichtlinear.

Dieser anharmonische Zeitverlauf des Stromes wirkt sich sowohl auf die Strommessung aus (z.B. wenn aus dem "Spitze–Spitze–Wert" des Oszilloskops der Effektivwert berechnet wird), als auch auf die Messungen mit dem Leitungsreflektometer, da das Vektorvoltmeter nur bei der Grundfrequenz mißt. Der Beitrag der höheren Harmonischen beträgt nach [96] auch bei deutlich erkennbarer Anharmonizität allerdings weniger als 10%.

4.4 Strommessung bei segmentierten Elektroden

Um Aufschluß über die Verteilung des Plasmastromes längs der Strömungsrichtung bei unterschiedlich verkippter Masseelektrode zu erhalten, wurde diese in drei Segmente geteilt und die Masseleitungen jeweils durch eine Stromspule geführt. Als Funktion der HF–Leistung wurden dann die Ströme bei unterschiedlichen Kippwinkeln und Gasdrücken gemessen. Die Innenmaße des verwendeten Entladungsrohrs betrugen $15 \cdot 46$ mm^2 (Höhe · Breite).

In Abbildung 4.7 sind die Elektrodensegmente jeweils parallel zur gegenüberliegenden Wand des Entladungsrohrs ausgerichtet, d.h. es ergibt sich insgesamt keine Verkippung. Der Strom der linken Sonde (Abströmseite) ist deutlich höher als derjenige der mittleren, wohingegen der Strom der rechten Sonde (Zuströmseite) erst bei hohen Leistungen merklich zunimmt. Vergleicht man dies mit der Leuchtdichteverteilung in Längsrichtung, so ist eine deutliche Korrelation festzustellen. Bei der kleinsten Leistung (ca. 900 W) brennt die Entladung im Bereich der linken Elektrode bis einschließlich erstes Drittel der mittleren Elektrode. Mit zunehmender HF–Leistung dehnt sich das Fluoreszenzleuchten gegen die Strömungsrichtung aus und hat bei ca. 2,5 kW den Anfangsbereich der rechten Elektrode erreicht. Ab dieser Leistung ist auch gerade eine merkliche Zunahme des Stroms der rechten Sonde festzustellen, der zuvor konstant $I_{SS}^{r} \approx 2$ A betrug. Bei ca. 3 kW sind in Achsrichtung betrachtet erstmals Filamente beobachtbar, und erst bei ca. 4 kW erstreckt sich das Fluoreszenzleuchten über die gesamte Elektrodenlänge mit deutlich erhöhter Leuchtdichte in Richtung Abströmseite.

Ganz anders sind die Verhältnisse in Abbildung 4.8. Hier sind die einzelnen Elektrodensegmente in einer Ebene verkippt, deren rechtes Ende (Zuströmseite) das Entladungsrohr berührt, und deren linkes Ende (Abströmseite) einen Abstand von ca. 6 mm zum Entladungsrohr hat. Jetzt sind die Ströme zunächst durch alle drei Sonden gleich. Mit zunehmender HF–Leistung ist aber der Strom der *linken* Elektrode merklich geringer. Durch das Verkippen der Masseelektrode hat sich also die Verteilung des Stromes in Längsrichtung vertauscht. Zwar brennt die Entladung bei Leistungen kleiner 1 kW immer noch nur bis zur Mitte der rechten Elektrode, doch bei nur wenig höherer Leistung erstreckt sich das Fluoreszenzleuchten über die gesamte Elektrodenlänge mit nun deutlich erhöhter Leuchtdichte in Richtung *Zu*strömseite. Wie schon zuvor sind Filamente ab einer HF–Leistung von ca. 3 kW zu erkennen.

Die Abbildungen 4.9 und 4.10 zeigen den Einfluß des Gasdrucks bei konstanter Verkippung der Masseelektrode (Zuströmseite 0 mm, Abströmseite 3 mm). Bei einem Gasdruck von 130 hPa ist der Strom durch die *linke* Sonde etwas geringer als durch die beiden anderen und die Leuchtdichte der Entladung nimmt *stromauf* zu. Ganz anders sind wiederum die Verhältnisse bei Erhöhung des Gasdrucks auf 307 hPa. Jetzt fließt durch die *rechte* Sonde

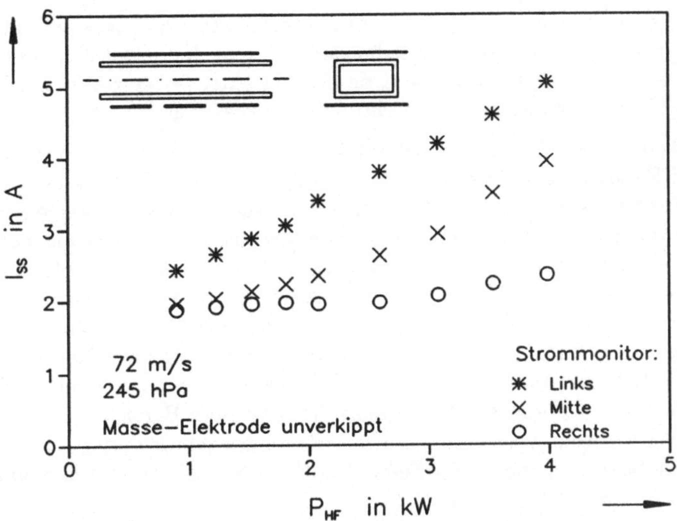

Abb. 4.7: Spitze–Spitze–Strom I_{SS} der drei Stromspulen bei paralleler Ausrichtung der drei Elektrodensegmente als Funktion der HF–Leistung P_{HF}.

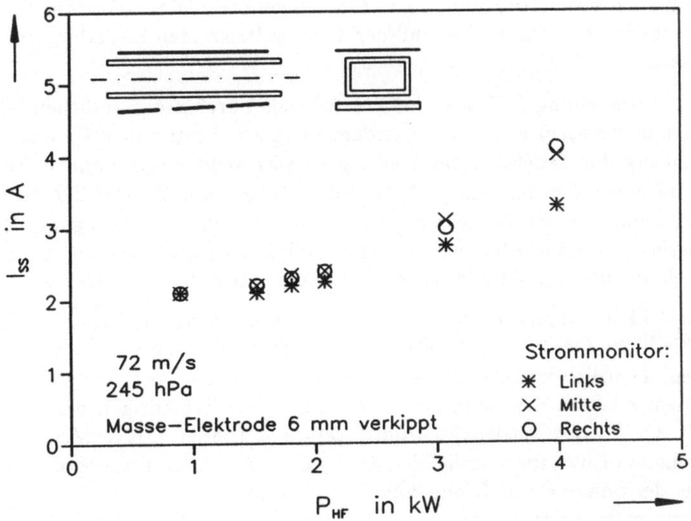

Abb. 4.8: Wie Abbildung 4.7, aber schräge Ausrichtung der Elektrodensegmente.

ein geringerer Strom als durch die anderen beiden, und die Leuchtdichte nimmt *stromab* zu.

Die Einflüsse zunehmender Verkippung und zunehmenden Gasdrucks auf die Stromdichteverteilung in Längsrichtung des Entladungsrohres sind diametral, d.h. mit zunehmendem Gasdruck muß auch die Verkippung der Masseelektrode vergrößert werden, um eine gleichmäßige Entladung in Strömungsrichtung sicherzustellen.

Bei dem hohen Gasdruck von 307 hPa ändert sich die Leuchtdichteverteilung mit zunehmender HF–Leistung nicht nur in Strömungsrichtung deutlich, sondern auch in den Ebenen senkrecht dazu. Während bei kleinen Drücken das Fluoreszenzleuchten die gesamte Rohrquerschnittsfläche ausfüllt, brennt bei hohen Drücken die Entladung bei $P_{HF} = 900$ W *nicht* bis zu den Seitenwänden, und es sind auch bereits deutliche Entladungsfilamente sichtbar. Bei ca. $1,5$ kW brennt die Entladung nahezu im gesamten Volumen. Erhöht man die HF–Leistung weiter, zieht sich die Entladung wieder zusammen, bis sie etwa bei 2 kW sprunghaft nur mehr 2/3 der Elektrodenlänge und Rohrbreite (mittig) ausfüllt. Bei weiterer Erhöhung der HF–Leistung dehnt sich die Entladung wieder stromauf aus, bis sie bei ca. 4 kW abermals den gesamten Bereich der Elektrodenlänge ausfüllt. In Achsrichtung betrachtet ist das Entladungsleuchten immer noch auf etwa 2/3 der Rohrbreite begrenzt, aber die anfänglichen Filamente haben sich nun zu zahlreichen grell weiß leuchtenden "Bögen" verstärkt.

Dieser hohe Gasdruck wird zwar für CO_2–Laser im Dauerstrichbetrieb nicht verwendet, die Beschreibung des letzten Beispiels zeigt aber, wie komplex das Verhalten HF–angeregter schnell längsgeströmter Gasentladungen in bestimmten Betriebsmodi sein kann.

Zum Abschluß dieses Kapitels sollen in den Abbildungen 4.11, 4.12 und 4.13 einige fotografische Aufnahmen die unterschiedlichen Leuchtdichteverteilungen noch einmal verdeutlichen. Damit werden die zuvor diskutierten Verteilungen der Entladungsströme in Längsrichtung auch visuell dokumentiert. Eine eingehende Diskussion der Leuchtdichteverteilungen senkrecht zu Rohrachse und der dabei auftretenden Entladungsinstabilitäten erfolgt in Kapitel 6.

Die Leuchtdichteverteilung $L(\vec{r})$ wird im wesentlichen durch die räumlichen Verteilungen der Elektronendichte $n_e(\vec{r})$ und der Elektronenenergie ϵ_e bestimmt [97]. Für eine detaillierte Betrachtung der Leuchtdichteverteilung — was nicht Gegenstand dieser Untersuchung ist — müssen die prozentualen Anteile der elektrischen Energiedichteverteilung an den einzelnen Elektronenstoßprozessen (Ionisation, elektronische Anregung, Rekombination usw.) berücksichtigt werden [98]. In erster Näherung kann allerdings die Leuchtdichteverteilung als *qualitatives* Abbild der elektrischen Anregung betrachtet werden [99].

In Abbildung 4.11 ist zunächst das Fluoreszenzleuchten in Achsrichtung des Rohres[4] für drei unterschiedliche Gasdrücke zu sehen. Alle anderen Betriebsparameter wurden konstant gehalten. Deutlich ist zu erkennen, daß bei einem Gasdruck von 307 hPa die Entladung nicht ganz bis zu den Seitenwänden brennt. Bei Erniedrigen des Gasdrucks auf 245 hPa füllt das Fluoreszenzleuchten die gesamte Rohrquerschnittsfläche aus, und bei 130 hPa brennt die Entladung schließlich grell weiß mit erhöhter Leuchtdichte in unmittelbarer Nähe der Seitenwände (siehe dazu auch Kapitel 6).

[4]Durch Reflexionen an den Rohrwänden sind außerhalb der eigentlichen Gasentladung Leuchterscheinungen sichtbar, die *nicht* zum Fluoreszenzleuchten gehören. Diese Artefakte sind in der mittleren Aufnahme von Abbildung 4.11 durch einen dunklen Bereich deutlich erkennbar vom eigentlichen Entladungsleuchten getrennt.

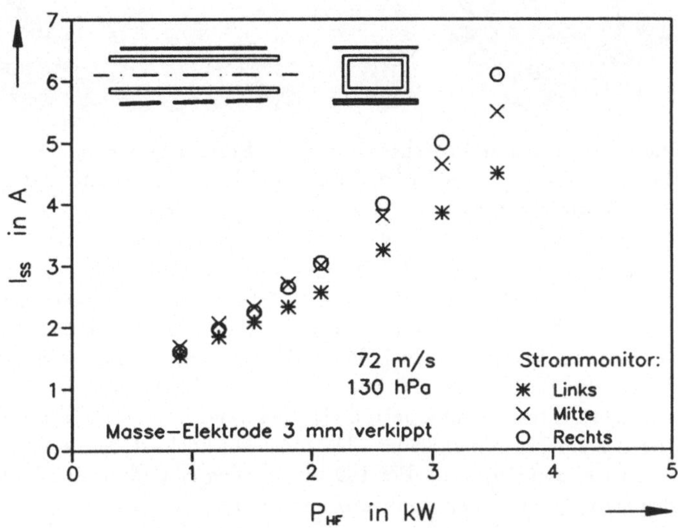

Abb. 4.9: Spitze–Spitze–Strom I_{SS} der drei Stromspulen bei 130 hPa Gasdruck als Funktion der HF–Leistung P_{HF}.

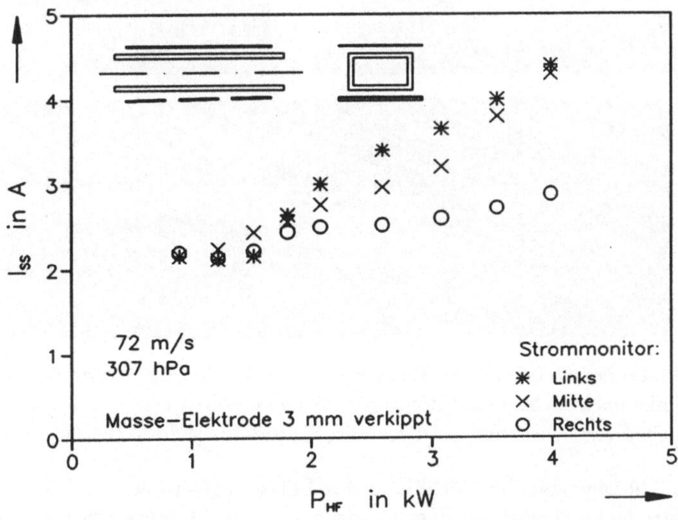

Abb. 4.10: Wie Abbildung 4.9, aber 307 hPa Gasdruck.

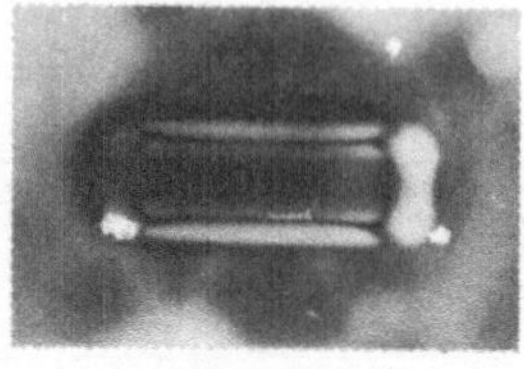
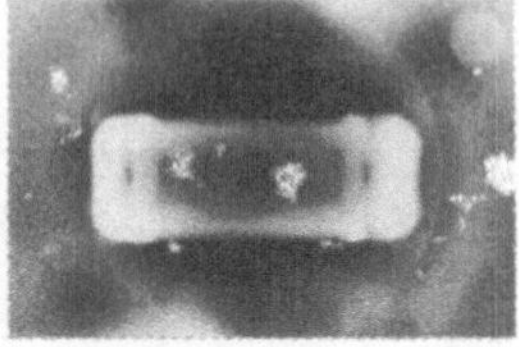

Abb. 4.11: Fluoreszenzleuchten in Achsrichtung des Entladungsrohres ($15 \cdot 46$ mm^2) bei einem Gasdruck von 307 hPa (links), 245 hPa (Mitte) und 130 hPa (rechts) (2,5 kW und 72 m/s).

Senkrecht zur Strömungsrichtung und Richtung des elektrischen Feldes ist das Entladungsleuchten in den Abbildungen 4.12 und 4.13 fotografiert. Das obere Bild von Abbildung 4.12 zeigt eine Entladung, die nur auf die letzten 2/3 des Rohres beschränkt ist. Bei gleichem Gasdruck (245 hPa), aber höherer HF-Leistung brennt die Entladung über die gesamte Länge der Elektroden. In Abbildung 4.13 schließlich ist zu sehen, wie der Gasdruck die Leuchtdichteverteilung beeinflußt. Während im oberen Bild (100 hPa) die Leuchtdichte bereits am Zuströmende der Elektrode sehr hoch ist, ist sie bei 307 hPa erst ab dem ersten Drittel ähnlich hoch. Bei 100 hPa ist das Entladungsleuchten außerdem sehr viel stärker stromab verschleppt, als dies bei 307 hPa der Fall ist.

Abb. 4.12: Fluoreszenzleuchten in Blickrichtung senkrecht zur Strömungsrichtung (von links nach rechts) und Richtung des elektrischen Feldes bei zwei unterschiedlichen HF-Leistungen. Oben: 900 W, unten: 2500 W (245 hPa und 72 m/s).

Diese starke Abhängigkeit der Verteilung des Entladungsstromes und der Leuchtdichte von der Elektrodenkonfiguration, dem Gasdruck, der Strömungsgeschwindigkeit und der eingekoppelten HF-Leistung hat einen großen Einfluß nicht nur auf die Stabilitätsgrenzen der Entladung, sondern auch auf die homogene Verteilung der laserrelevanten Vorgänge und damit auf die Laserparameter selbst. Diese Zusammenhänge sind also von großer

Abb. 4.13: Fluoreszenzleuchten in Blickrichtung senkrecht zur Strömungsrichtung (von links nach rechts) und Richtung des elektrischen Feldes bei zwei unterschiedlichen Gasdrücken. Oben: 100 hPa, unten: 307 hPa.

Wichtigkeit für die Optimierung der Lasereigenschaften in Hinblick auf hohe Laserleistungsdichte und gute Fokussierbarkeit. Sie werden in den Kapiteln 6, 7, 8 und 9 erneut aufgegriffen.

4.5 Überblick der wichtigsten Ergebnisse

Es wurden drei Verfahren vorgestellt, mit denen der Plasmawiderstand bestimmt werden kann. Das erste beruht auf dem in Kapitel 3 erläuterten elektrischen Schaltbild der gesamten Entladungsanordnung und modelliert rechnerisch den Anpaßvorgang. Durch Variation der Entladungsimpedanz ergibt sich direkt der gesuchte Plasmawiderstand. Das zweite Verfahren verwendet ein Reflektometer aus lose gekoppelten Leitungen, aus dessen Meßsignalen sich eine Gesamtimpedanz ergibt. Durch Transformation in das entsprechende Ersatzschaltbild läßt sich daraus der Plasmawiderstand berechnen. Aus Strommessungen und den zugehörigen eingekoppelten HF-Leistungen ergibt sich im dritten Verfahren direkt der Plasmawiderstand.

Mit einer dreifach unterteilten Masseelektrode wurden die Einflußfaktoren auf die Stromdichteverteilung in Richtung der Gasströmung untersucht.

Im einzelnen wurde folgendes gefunden:

- Die Verfahren zur Messung des Plasmawiderstands liefern im Rahmen der Meßgenauigkeit vergleichbare Ergebnisse.

- Der Plasmawiderstand verhält sich wie jener der positiven Säule einer Gleichstromentladung, d.h. er ist umgekehrt proportional zur eingekoppelten Leistung und proportional zur räumlichen Ausdehnung der Entladung in Richtung des elektrischen Feldes, so daß für homogene Entladungen gilt $R_{Pl} \sim d_E/P_{HF}$.

- Aus der vorherigen Aussage folgt, daß in Rohren mit unterschiedlichen Querschnittsflächen der spezifische Plasmawiderstand homogener Entladungen nur noch von der eingekoppelten HF–Leistungsdichte abhängt gemäß $\rho \sim 1/p_{HF}$. Dieses Ergebnis ist u.a. wichtig für die Auslegung von Anpaßnetzwerken für Lasersysteme mit verschiedenen Rohrquerschnitten.

- Es besteht eine qualitative Korrelation zwischen Strom– und Leuchtdichteverteilung.

- Die Einflüsse des Kippwinkels der Masseelektrode und des Gasdrucks auf die Strom- und Leuchtdichteverteilung sind diametral. Dadurch ergibt sich die Möglichkeit für verschiedene Gasdrücke durch entsprechende Kippwinkel eine homogene Entladung in Richtung der Gasströmung zu erzielen.

5 Optimierungsparameter

In diesem Kapitel werden die wichtigsten Parameter diskutiert, die für eine Optimierung der schnell längsgeströmten HF–Gasentladung von Bedeutung sind. Sie lassen sich grob in drei Kategorien einteilen: geometrische, elektrophysikalische und fluidmechanische Parameter. Um reproduzierbare und für später auch theoretisch nachvollziehbare Verhältnisse zu gewährleisten ist es unerläßlich, den momentanen Wert der jeweiligen Größen zu kennen und gegebenenfalls mögliche Fluktuationen und Driften durch eine Regelung gering zu halten.

5.1 Geometrische Parameter

Die für die Entladung relevanten geometrischen Größen beziehen sich zum einen auf die dielektrischen Elektroden und zum anderen auf das Entladungsrohr. Wie in Kapitel 4 gezeigt wurde, muß dabei auch der jeweilige Abstand zu den benachbarten (und auf Massepotential liegenden) Gehäuseteilen berücksichtigt werden.

5.1.1 Rohrgeometrie

Die Rohrgeometrie wird durch die Länge und die Art sowie Größe der Querschnittsfläche (Kreis–, Rechteckfläche etc.) festgelegt. Sie beeinflußt zusammen mit den fluidmechanischen Parametern Gasdruck, Mischungsverhältnis und Strömungsgeschwindigkeit sowohl den Druckabfall längs des Entladungsrohrs (dieser muß vom Gasumwälzsystem aufgebracht werden), als auch die Entladungseigenschaften.

Insbesondere die Größe des Querschnitts ist auch bei der Auslegung des Laserresonators zu berücksichtigen. Während für stabile Resonatoren eine schlanke Entladungsgeometrie vorteilhaft ist[1], werden durch instabile Resonatoren auch Entladungsrohre mit großen Querschnitten gut ausgenutzt [35, 36]. Vor diesem Hintergrund wurde in der vorliegenden Arbeit die Skalierbarkeit der Entladungseigenschaften mit dem Rohrdurchmesser untersucht.

In kommerziell erhältlichen längsgeströmten CO_2–Lasern werden Entladungsrohre mit kreisförmiger Querschnittsfläche eingesetzt. Für Untersuchungen des Entladungsverhaltens bei verschiedenen Betriebsparametern haben diese allerdings einen entscheidenden Nachteil. Es hat sich gezeigt [100], daß eine homogene Verteilung des Fluoreszenzleuchtens über dem Rohrquerschnitt, und damit eine gleichförmige eingekoppelte elektrische Leistungsdichte, nur durch eine aufwendige Optimierung der Elektrodenform erzielt werden kann. Andernfalls treten unerwünschte Deformationen der Phasenfront der Laserlichtwelle und ein ungleichförmiges Kleinsignalverstärkungsprofil auf.

Damit ist für jeden Entladungsrohrdurchmesser, jede Leistung, jeden Druck und jede Gasmischung eine eigens optimierte Elektrodenform erforderlich. Dies ist experimentell sehr zeitaufwendig. Um nun den Einfluß der Entladungslänge in Richtung des elektrischen

[1] Damit läßt sich das Entladungsvolumen am besten an das Modenvolumen anpassen und das Anschwingen des Gaußschen Grundmodes wird favorisiert [31].

Feldes experimentell zu untersuchen, bieten sich Entladungsrohre mit rechteckförmiger Querschnittsfläche an. Mit an diese Geometrie angepaßten planen Elektroden entfallen sämtliche die Meßergebnisse verfälschenden Einflüsse der Elektrodenform. Aus diesem Grund wurde der Großteil der Untersuchungen an Rohren mit rechteckförmigen Querschnittsflächen durchgeführt. Hier wurde vor allem der Einfluß der Dimension d_E in Richtung des elektrischen Feldes (entspricht der inneren Höhe des Rohres) untersucht, während die Breite und Länge — wie sich gezeigt hat — nur eine untergeordnete Bedeutung für die Entladung haben.

5.1.2 Elektrodengeometrie

Die Geometrie ist bei planen Elektroden besonders einfach, da nur die Angabe der Länge und Breite erforderlich ist (die Dicke der Elektroden ist für die Entladung ohne Belang). Im Gegensatz dazu sind zur Beschreibung dreidimensionaler Elektrodenkonturen weitere geometrische Parameter erforderlich.

Für Entladungsrohre mit kreisförmiger Querschnittsfläche werden z.B. vorwiegend halbschalenförmige Elektroden verwendet, deren Krümmungsradius und Breite die Leuchtdichteverteilung und damit auch die Verteilung der Kleinsignalverteilung stark beeinflussen [100]. Das gleiche gilt für wendelförmige Elektroden, deren Steigung ein weiterer Freiheitsgrad ist (s. Kapitel 7).

Wie sich insbesondere in den Untersuchungen zur Entladungshomogenität und -stabilität (Kapitel 6) gezeigt hat, ist die Dicke (und Art) des Dielektrikums von besonderer Bedeutung. Da sich (trockene) Luft als Dielektrikum besonders gut eignet muß nur die Elektrode vom Quarzrohr abgehoben werden. Zur Homogenisierung der Leuchtdichteverteilung in Längsrichtung des Rohres (Strömungsrichtung) hat sich das Verkippen der Elektroden bewährt, was bei den wendelförmigen Elektroden allerdings nur eingeschränkt zu realisieren ist.

Bei der Gesamtdicke d_{Di} des Dielektrikums ist auch die Dicke der Entladungsrohrwand zu berücksichtigen. Mit d_{Di} ist dabei die *effektive* Dicke $d_{Di} = \sum_{i=1}^{n} \frac{d_i}{\epsilon_r^i}$ bezeichnet, welche die unterschiedlichen relativen Dielektrizitätskonstanten ϵ_r^i von Rohrwand (hier: Quarz ($\epsilon_r^Q \approx 4$)) und Luftspalt ($\epsilon_r^L \approx 1$) berücksichtigt.

5.2 Entladungsphysikalische Parameter

Die entladungsphysikalischen Parameter können in unabhängige und abhängige Größen unterteilt werden. Zu den ersteren gehören die HF-Leistung P_{HF} — sie wird bei den hier verwendeten leistungsgeregelten Generatoren im Anpaßfall der Entladung aufgeprägt — und die Anregungsfrequenz ν. Die Messung der HF-Generatorleistung wurde bereits in Kapitel 3 erläutert. Bei der dielektrischen Entladung spielt auch das Material des Dielektrikums (Verlustwinkel, relative Dielektrizitätskonstante) eine wichtige Rolle.

Zu den abhängigen Größen gehören hier der Entladungsstrom I und die Potentialdifferenz U längs der Plasmasäule der Dimension d_E bzw. die Feldstärke $E = U/d_E$. Sie stellen sich bei vorgegebener HF-Leistung ein und sind in der volumenspezifischen Schreibweise

($p_{HF} = P_{HF}/V = j \cdot E$, mit dem Entladungsvolumen $V = A \cdot d_E$ und der Stromdichte $j = I/A$) nur noch gasartabhängig. Aus Strom und Spannung errechnet sich der Plasmawiderstand R_{Pl} gemäß $R = U/I$, dessen meßtechnische Bestimmung bereits in Kapitel 4 diskutiert wurde.

Aus den Werten der eingekoppelten HF–Leistung und des Plasmawiderstands lassen sich *näherungsweise* die reduzierte Feldstärke E/N und die Elektronendichte n_e abschätzen. Diese beiden Größen sind besonders wichtig, weil sie die Entladung vollständig charakterisieren und darüberhinaus die wesentlichsten, die Laserkinetik bestimmenden Parameter sind.

5.3 Ermittlung elektrophysikalischer Größen aus Impedanz und HF–Leistung

Das Verfahren der gekoppelten Leitungen liefert einen *integralen* Wert des Ohmschen Widerstandes der gesamten Entladung. Demnach lassen sich daraus auch nur *integrale* Größen ableiten. Hingegen ist es damit nicht möglich, die räumliche Verteilung der elektrophysikalischen Größen zu bestimmen.

Nimmt man deshalb vereinfachend an, daß die elektrische Feldstärke E innerhalb der Entladung der Ausdehnung d_E homogen ist (d.h. vernachlässigt man die elektrischen Grenzschichten in der Nähe der Elektroden[2]), erhält man aus den Beziehungen

$$U = \int_0^{d_E} E\,ds = E \cdot d_E \tag{5.1}$$

und

$$U = \sqrt{P_{HF} \cdot R_{Pl}} \tag{5.2}$$

den gesuchten *Effektivwert* E der Feldstärke zu

$$E = \frac{\sqrt{P_{HF} \cdot R_{Pl}}}{d_E}\,. \tag{5.3}$$

Daraus ergibt sich sofort die *reduzierte* Feldstärke E/p bzw. E/n, wobei n die Dichte der Gasteilchen in der Entladung bezeichnet. Die Abnahme der Teilchendichte als Funktion der eingekoppelten HF–Leistung durch die Temperaturzunahme wird für diese einfache Betrachtung vernachlässigt. Dies ist deshalb zulässig, weil im laserrelevanten Leistungsbereich die Ausströmtemperatur zwischen ca. 350 K und 500 K beträgt, so daß sich bei

[2] Dies ist im hier betrachteten Niederstrom(oder α–)modus eine akzeptable Näherung, da die Dicke der Grenzschicht (Größenordnung < 1 mm) klein ist im Vergleich zur Länge d_E der Entladungssäule in Feldrichtung (einige 10 mm) und auch die elektrischen Feldstärken in beiden Bereichen noch nicht sehr unterschiedlich sind.

einer Einströmtemperatur von 300 K eine mittlere Gastemperatur in der Entladung von 325 K bzw. 400 K ergibt. Legt man also im folgenden für die Berechnung der Teilchendichte eine mittlere Temperatur von ≈360 K zugrunde, so beträgt der Fehler über den gesamten Bereich weniger als ±11 %.

Die mittlere Elektronendichte n_e läßt sich aus der Stromdichte

$$j = e \cdot n_e \cdot v_D \tag{5.4}$$

unter Berücksichtigung von $j = I/A = U/(R_{Pl} \cdot A) = E/\rho$ abschätzen zu:

$$n_e = \frac{E}{e \cdot v_D \cdot \rho} . \tag{5.5}$$

Für die *Driftgeschwindigkeit* v_D — sie ist im wesentlichen nur von der reduzierten Feldstärke abhängig — wird im folgenden der Wert $v_D = 8 \cdot 10^6$ cm/s angenommen[3] [49].

5.4 Fluidmechanische Parameter

Der experimentelle Aufbau gestattete die Regelung des Gasdrucks p, der Strömungsgeschwindigkeit v und des Mischungsverhältnisses der drei Lasergase He, N_2 und CO_2. Zusammen mit der eingekoppelten HF–Leistung ergibt sich daraus die mittlere Temperatur T (bzw. die Temperaturerhöhung ΔT) des Gases für jede Parameterkombination.

Diese Größen beschreiben zusammen mit den Stoffeigenschaften der Gaskomponenten das fluidmechanische System bereits vollständig. Aus ihnen lassen sich weitere Kenngrößen zur Charakterisierung der Gasströmung berechnen. Verwendet man die jeweiligen Mittelwerte (zur Unterscheidung hier mit einem Querstrich gekennzeichnet) des Gasgemisches (zur Berechnung der Mittelwerte siehe Anhang B.1), ergibt sich mit Hilfe der Zustandsgleichung idealer Gase [101] die mittlere Dichte des Gasgemisches

$$\bar{\rho} = \frac{p}{\bar{\mathcal{R}} \cdot T} \tag{5.6}$$

($\bar{\mathcal{R}}$ bezeichnet die mittlere spezifische Gaskonstante). Die *Reynolds*–Zahl — ein Maß für den Turbulenzgrad der Strömung — berechnet sich damit gemäß [71]

$$Re = \frac{D \cdot \bar{\rho} \cdot v}{\bar{\mu}} . \tag{5.7}$$

Hier bezeichnen D eine charakteristische Querdimension des Rohres — Rohrdurchmesser bei kreisförmiger und kleinere Abmessung bzw. *hydraulischer Durchmesser*[4] im Fall

[3] Dieser Wert ist für eine Gasentladung in He, CO_2, N_2 bei einer reduzierten Feldstärke von ca. $3,8 \cdot 10^{-16}$ V cm² und einer Anregungsfrequenz von 50 MHz angegeben.

[4] Für den hydraulischen Durchmesser D_h eines Rohres der rechteckförmigen Querschnittsfläche $A = H \cdot B$ gilt [71]: $D_h = 4 \cdot A/U = \frac{2 \cdot B \cdot H}{B+H}$, mit U = Umfang. Für eine quadratische Querschnittsfläche $A = a^2$ ergibt sich daraus $D_h = a$.

der turbulenten Strömung bei rechteckförmiger Querschnittsfläche — und $\bar{\mu}$ die (temperaturabhängige) mittlere dynamische Viskosität des Gasgemisches. Der Wert für den Übergang von der laminaren in die turbulente Strömung wird in [71] mit $Re \approx 2300$ angegeben.

Mit Hilfe der Schallgeschwindigkeit

$$v_S = \sqrt{\bar{\kappa} \cdot \bar{\mathcal{R}} \cdot T} \tag{5.8}$$

($\bar{\kappa} = \bar{c_p}/\bar{c_v}$: Isentropenkoeffizient, $\bar{c_p}$ bzw. $\bar{c_v}$: mittlere spezifische Wärmekapazität bei konstantem Druck bzw. Volumen) läßt sich die Machzahl $M = v/v_S$ angeben. Da wegen $\Delta\rho/\rho \approx M^2/2$ [71] für $M \leq 0,14$ die Dichteänderungen weniger als 1% und selbst für $M \leq 0,45$ weniger als 10% betragen, kann die Strömung in diesem Machzahlbereich in guter Näherung als inkompressibel angenommen werden.

In Tabelle 5.1 sind exemplarisch einige Strömungskenngrößen in einem Rohr mit einer Querschnittsfläche von $46 \cdot 46$ mm^2 für vier verschiedene Strömungsgeschwindigkeiten angegeben. Man erkennt, daß für dieses Gasgemisch (He:N_2:CO_2=16:4:1, p = 100 hPa, T = 293 K) die obige Bedingung für Strömungsgeschwindigkeiten $v < 90$ m/s erfüllt ist. Für die experimentellen Untersuchungen der nachfolgenden Kapitel wurden in diesem Rohr Strömungsgeschwindigkeiten von maximal 88 m/s realisiert.

v [m/s]	Re	M	$\dot{V}$[m^3/s]	$\dot{M}$[g/s]
50	5402	0,08	381,0	4,55
70	7562	0,116	533,2	6,37
90	9723	0,150	685,6	8,19
110	11884	0,183	838,0	10,0

Tabelle 5.1: Reynoldszahl Re, Machzahl M, Volumenstrom $\dot{V}$ und Massenstrom $\dot{M}$ für verschiedene Strömungsgeschwindigkeiten v und folgendes Gasgemisch: He:N_2:CO_2=16:4:1, p = 100 hPa, T = 293 K. Rohrquerschnitt: $46 \cdot 46$ mm^2.

In Tabelle 5.2 sind für die gleiche Gasmischung und ein Rohr mit einer Querschnittsfläche von $15 \cdot 46$ mm^2 die Strömungskenngrößen als Funktion des Gasdrucks berechnet.

p [hPa]	Re	ρ [kg/m^3]	n[10^{-18} cm^{-3}]	$\dot{M}$[g/s]
80	2029	0,034	1,98	2,85
100	2536	0,043	2,47	3,56
130	3297	0,056	3,21	4,65
200	5073	0,086	4,94	7,12
300	7609	0,129	7,41	10,68

Tabelle 5.2: Reynoldszahl Re, Gasdichte ρ, Teilchendichte n und Massenstrom $\dot{M}$ für verschiedene Gasdrücke p und folgendes Gasgemisch: He:N_2:CO_2=16:4:1, v = 72 m/s, T = 293 K. Rohrquerschnitt: $15 \cdot 46$ mm^2.

Wie die berechneten Reynoldszahlen in den Tabellen 5.1 und 5.2 erkennen lassen, liegt praktisch für alle realisierten Strömungsbedingungen Turbulenz vor. Auch für Reynoldszahlen, die kleiner als der Grenzwert für den Umschlag von der laminaren zur turbulenten

Strömung sind, hätte sich keine vollständig ausgebildete laminare Strömung entwickeln können. Schätzt man nämlich die erforderliche Einlaufstrecke ab gemäß $\mathcal{L} \approx 0,03 \cdot Re \cdot D$ [71], so findet man, daß sich für $Re = 1000$ und $D = 15$ mm der Wert $\mathcal{L} \approx 450$ mm ergibt, der größer ist als der 135 mm lange Abstand vom Einströmflansch zum Beginn der Elektrode (s. Abbildung 6.6, S. 64). Sogar bei dieser vergleichsweise kleinen Reynoldszahl hätte sich also keine laminare Strömung ausbilden können.

5.5 Messung von Temperatur, Druck und Strömungsgeschwindigkeit

Die Temperatur des einströmenden und ausströmenden Gases wurde mit Hilfe zweier temperaturabhängiger Widerstände (Pt 100) bestimmt. Die Temperatur des heißen Gases wurde am Ende des Rohres und in Achsposition — ca. 30 cm von der Entladung entfernt — gemessen. Der scheibenförmige Widerstand war wie eine Prallplatte senkrecht zur Strömung positioniert, so daß die Stautemperatur T_S gemessen wurde. Eine Haltekonstruktion aus dünnen Stahldrähten verhinderte weitgehendst den Abfluß des Wärmestromes vom Sensor in die Umgebung. Die Ansprechzeit (10% – 90%) betrug ca. 5 s. Die Gastemperatur T bestimmt sich aus der Stautemperatur gemäß [101]

$$T = T_S - \frac{v^2}{2 \cdot c_p} . \tag{5.9}$$

Hier bezeichnet c_p die spezifische Wärmekapazität des Gasgemisches bei konstantem Druck. Die Gastemperatur sollte ca. 500 K bis 600 K nicht übersteigen, da sonst die zunehmende thermische Besetzung des unteren Laserniveaus die Besetzungsinversionsdichte soweit verringert, daß die damit erzielbare Verstärkung in der Praxis für Lasertätigkeit nicht mehr ausreicht [98].

Der *statische* Gasdruck p wurde im druckseitigen Flansch der Entladungseinheit gemessen. Dazu befand sich senkrecht zur Wand des Einströmkessels eine Bohrung, die mit dem DMS[5]-Druckaufnehmer verbunden war.

Zur Bestimmung der *mittleren* Strömungsgeschwindigkeit v im Zustrom des Entladungsrohres wurden mit Hilfe eines Prandtlschen Staurohres zunächst die Geschwindigkeitsprofile v_{Mess} in einem Meßrohr (Innendurchmesser: $D = 40$ mm) für unterschiedliche Strömungsbedingungen ermittelt, s. Abbildung 5.1.

Die Prandtl-Sonde mißt den Gesamtdruck p_{ges} und den statischen Druck p_{stat}. Aus der Differenz dieser beiden Drücke — dem *dynamischen* Druck p_{dyn} — ergibt sich die Strömungsgeschwindigkeit zu [71]

$$v = \sqrt{\frac{2}{\rho} \cdot p_{dyn}} \qquad \text{mit} \qquad p_{dyn} = p_{ges} - p_{stat} . \tag{5.10}$$

Abbildung 5.2 zeigt den Quotienten aus den mittleren Geschwindigkeiten v und den maximalen Geschwindigkeiten v_{max} der Profile als Funktion der Reynoldszahl

[5] DMS = Dehnungsmeßstreifen

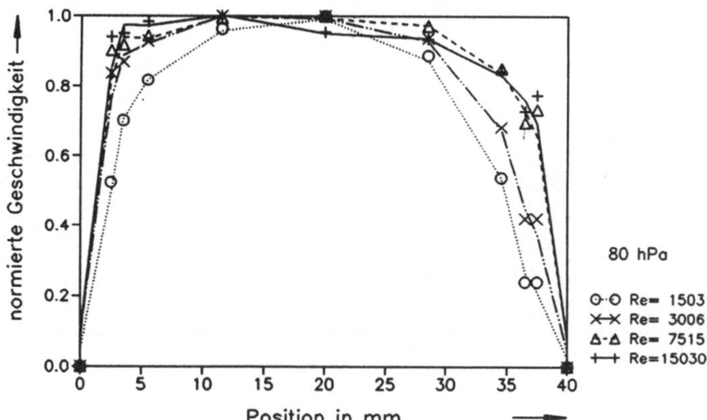

Abb. 5.1: Im Meßrohr mit Hilfe eines Prandtlschen Staurohres gemessene Geschwindigkeitsprofile für unterschiedliche Reynoldszahlen. Um die Form der Profile besser vergleichen zu können, sind die Werte jeweils auf v_{max} normiert.

$Re_{max} = \rho \cdot v_{max} \cdot D/\mu$. Die mittlere Strömungsgeschwindigkeit v wurde mittels der Definition des Volumenstroms $\dot{V}$ numerisch aus den Meßwerten bestimmt gemäß

$$v = \frac{\dot{V}}{A} = \frac{1}{A} \int_A v dA = \frac{2\pi}{A} \int_{r=0}^{r=D/2} v(r) r dr \; . \tag{5.11}$$

Aus Abbildung 5.2 ersieht man, daß sich v/v_{max} für große Reynoldszahlen einem Grenzwert von ca. $0,84$ annähert. In diesem Fall ergibt sich also die mittlere Geschwindigkeit einfach aus der maximalen Geschwindigkeit in der Rohrachse zu $v = 0,84 \cdot v_{max}$.

Für die Untersuchungen der nachfolgenden Kapitel betrug die Reynoldszahl an der Meßstelle der Prandtl–Sonde $Re_{max} \geq 5000$ (die kleinste Reynoldszahl an der Meßstelle betrug $Re_{max} \approx 4790$, bei $p = 100$ hPa und $v_{max} = 50$ m/s). Nach Abbildung 5.2 kann man für diesen Bereich einen Mittelwert $v/v_{max} \approx 0,8$ setzen, bei einem Fehler von maximal $\pm 5\%$. Für die Bestimmung der mittleren Strömungsgeschwindigkeit v im Meßrohr wurde deshalb die maximale Geschwindigkeit gemessen (d.h. die Prandtl Sonde ist in der Rohrachse positioniert) und dieser Wert mit dem Faktor 0,8 multipliziert.

Aus der mittleren Strömungsgeschwindigkeit v_{Mess} am Meßort der Prandtl–Sonde — daraus läßt sich sofort der Volumenstrom $\dot{V} = A_{Mess} \cdot v_{Mess}$ (A_{Mess} ist die Querschnittsfläche des Rohres am Meßort) bestimmen — berechnet sich die mittlere Einströmgeschwindigkeit v am Eingang des Entladungsrohres mit Hilfe der Kontinuitätsgleichung:

$$\begin{aligned} \rho \cdot v \cdot A &= \rho_{Mess} \cdot v_{Mess} \cdot A_{Mess} \\ v &= v_{Mess} \cdot \frac{A_{Mess}}{A} \qquad \text{für} \qquad \rho = \rho_{Mess} \; . \end{aligned} \tag{5.12}$$

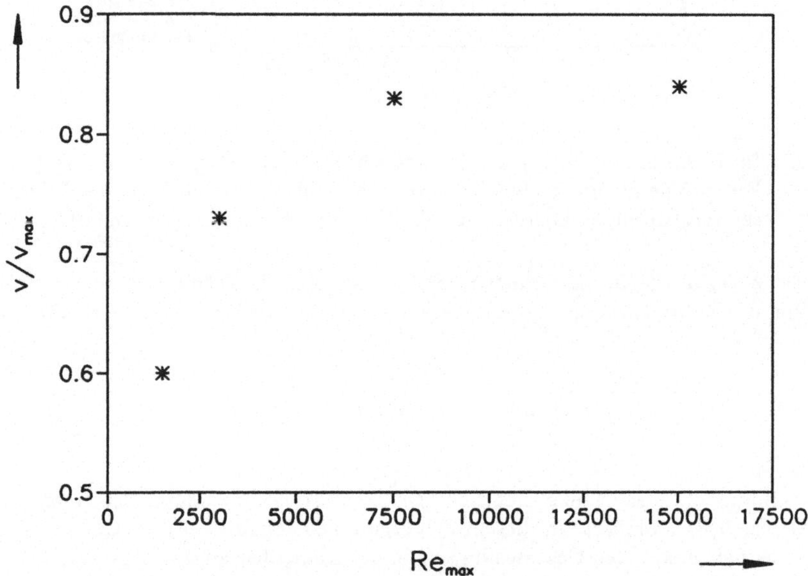

Abb. 5.2: Verhältnis von mittlerer zur maximalen Geschwindigkeit (v/v_{max}) als Funktion der Reynoldszahl $Re_{max} = \rho \cdot D \cdot v_{max}/\mu$.

6 Untersuchung der Entladungshomogenität

Damit aus hohen elektrischen Leistungsdichten auch entsprechende Besetzungsinversionsdichten resultieren, ist eine homogene Entladung Voraussetzung. Es ist bekannt, daß insbesondere Filamente und Entladungsbögen die Laserleistung begrenzen [102].

Ziel der Messungen zur Stabilität von Hochfrequenzentladungen war es, den Einfluß der Entladungsgeometrie und der Betriebsparameter auf die Stabilitätgrenzen der Entladung zu ermitteln. Insbesondere sollte die Skalierbarkeit der diffusen Entladung zu großen Volumina und damit zu großen Entladungslängen in Richtung des elektrischen Feldes untersucht werden. Dies ist somit ein erster Teil der Untersuchungen der volumetrischen Skalierbarkeit der Laserleistung [103].

Eine physikalische Beschreibung der Entstehungsmechanismen aller auftretenden Entladungsinstabilitäten ist nicht Gegenstand dieses Kapitels, sondern vielmehr die phänomenologische Erarbeitung von Grenzbedingungen in Hinblick auf Laser höchster Leistung.

6.1 Experimenteller Aufbau

Der Versuchsstand, der für die Entladungsuntersuchungen eingesetzt wurde, besteht aus den folgenden Komponenten:

- HF–Generator
- Hochfrequenzübertragungskabel
- Anpaßnetzwerk (Collins–Filter)
- Reflektometer
- Gasmisch- und Kontrollsystem
- Gasumwälzsystem (Wälzkolbenpumpe)
- Steuereinheit
- Gasentladungseinheit.

Sein kompletter Aufbau ist in Abbildung 6.1 schematisch gezeigt. Der HF–Generator (Oszillator–Verstärkertyp) liefert die zur Aufrechterhaltung der Gasentladung notwendige elektrische Leistung (maximal 25 kW Dauerstrichleistung). Diese wird mit Hilfe des HF–Übertragungskabels der Gasentladungseinheit zugeführt. Ist die Entladung noch ungezündet, transformiert das Anpaßnetzwerk die HF-Generator-Ausgangsspannung auf die für die Zündung der Entladung notwendige hohe Spannung an den Elektroden. Außerdem ermöglicht es im gezündeten Fall die Anpassung der Impedanz der Entladungseinheit an den Wellenwiderstand des HF-Übertragungskabels. Dadurch minimiert sich die reflektierte HF–Leistung P_{refl} auf nahezu Null. Auf diese Weise wird fast die gesamte vom HF-Generator abgegebene Leistung P_{vor} in die Entladungsstrecke eingekoppelt[1]. Für die Einstellung des Anpaßnetzwerkes liefert ein Reflektometer elektrische Meßsignale als Maß für P_{refl} und P_{vor}. Das Gasmisch- und Kontrollsystem ermöglicht das Evakuieren des kompletten Gaskreislaufes und Einstellen des gewünschten Gasmischungsverhältnisses. Das Gasumwälzsystem hält den Gasstrom aufrecht. Die Steuereinheit regelt den Gasdruck im System (während des Betriebes wird ständig Gas abgepumpt und die gleiche Menge frisches Gas zugeführt, so daß das Arbeitsgas nach einer einstellbaren Zeit komplett erneuert ist), überwacht den Betrieb der Wälzkolbenpumpe und der Kühlwasserversorgung sowie des HF–Generators. Die Entladung wird in der Gasentladungseinheit erzeugt.

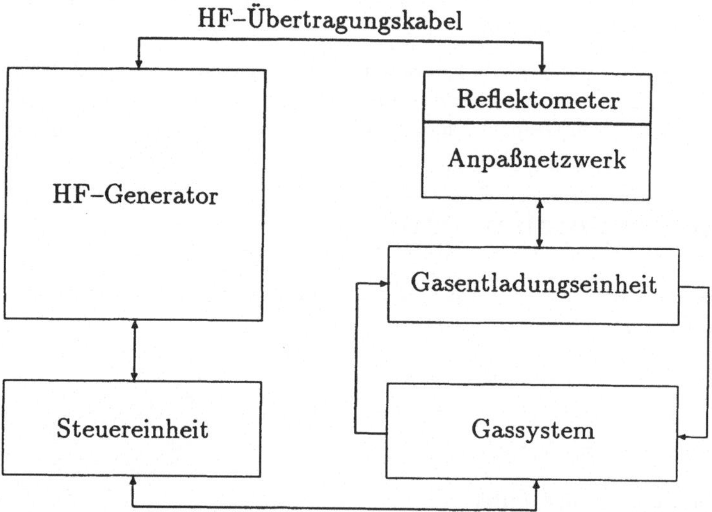

Abb. 6.1: Schematischer Aufbau des Versuchsstandes.

Die Gasentladungseinheit bildet das eigentliche Kernstück des Versuchsstandes. Ihr Aufbau ist in Abbildung 6.2 dargestellt.

Durch auswechselbare Flansche lassen sich Entladungsrohre unterschiedlicher Querschnittsflächen in den Gaskreislauf integrieren. Die beiden Elektroden werden über eine Haltekonstruktion aus Keramik (hohe Temperaturbeständigkeit und geringe dielektrische Verluste) in unmittelbarer Nähe zum Entladungsrohr befestigt. Der Abstand läßt sich so frei wählen, und auch ein Verkippen der Elektrode in Längsrichtung ist möglich. An den Stirnseiten ist die Gasentladungseinheit durch Fenster gasdicht abgeschlossen. Je nach Art der Untersuchung, z.B. visuell (wie in diesem Kapitel) bzw. Diagnostik mit HeNe–Laserstrahlung oder mit CO_2–Laserstrahlung wird als Material Quarzglas bzw. ZnSe verwendet.

[1] Ein Teil der Vorwärtsleistung wird durch die ohmschen Verluste der Spule im Anpaßnetzwerk in Wärme umgewandelt.

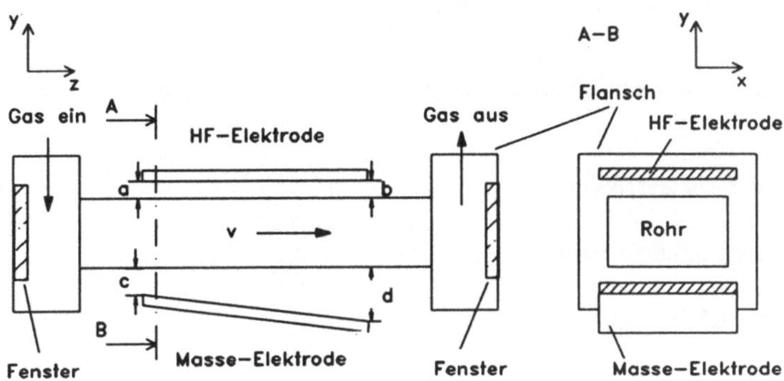

Abb. 6.2: Aufbau der Gasentladungseinheit, bestehend aus Entladungsrohr mit Elektroden und Gasflanschen.

Die fotografische Aufnahme in Abbildung 6.3 vermittelt einen Eindruck von der praktischen Ausführung der Entladungseinheit, die den gleichzeitigen Betrieb zweier strömungstechnisch und elektrisch parallel geschalteter Entladungsrohre gestattet. Durch den modularen Aufbau können mit Hilfe eines zusätzlichen Gasführungsblocks zwei weitere Entladungsrohre von der gemeinsamen Gasversorgung betrieben werden (nicht dargestellt). Die Zuführung der HF-Leistung erfolgt von oben.

Abb. 6.3: Gasentladungseinheit mit eingebautem Entladungsrohr (kreisförmige Querschnittsfläche $\Phi_i = 46$ mm).

6.2 Versuchsparameter

Die Abhängigkeit der Entladung von folgenden Parametern wurde untersucht:

- Dicke des Dielektrikums
- Strömungsgeschwindigkeit
- Rohrquerschnitt
- Gasdruck
- eingekoppelte HF–Leistungsdichte

Die Gasmischung (He:N_2:CO_2=16:4:1, in Volumenanteilen) blieb unverändert.

Die Untersuchungen wurden an Rohren mit folgenden rechteckförmigen Querschnittsflächen durchgeführt: $15 \cdot 46$ mm^2, $25 \cdot 46$ mm^2 und $46 \cdot 46$ mm^2. Die Rohrbreite (die Dimension senkrecht zum elektrischen Feld) blieb dabei mit 46 mm konstant. Die Elektroden bestanden aus planen Kupferblechen (s. Abbildung 6.6, S.64).

6.3 Die Rohrlänge und die HF–Zuführung

Für kompakte CO_2–Laser sollte das Entladungsrohr pro Modul so kurz wie möglich und nur so lang wie für das Gesamtvolumen nötig sein. Soll nämlich bei vorgegebener elektrischer Leistungsdichte eine hohe Laserleistung erzielt werden, so muß wegen $P_L \approx g_0 I_S V$ (P_L: maximal auskoppelbare Laserleistung, g_0: Kleinsignalverstärkungskoeffizient, I_S: Sättigungsintensität, V: angeregtes Volumen) auch das Volumen des *LAM* (*LAM*: laseraktives Medium) entsprechend groß sein; die laserkinetischen Parameter g_0 und I_S sind durch die Bedingungen in der Gasentladung bereits festgelegt. Neben dem Querschnitt muß dazu die Länge L des aktiven Mediums genügend groß sein[2], um ein Anschwingen des Lasers und eine effiziente Leistungsauskopplung zu gewährleisten [31]. Die Länge L wird von der Länge L_E der Elektroden mitbestimmt (s. Kapitel 8).

Da sich die HF–Elektrode und die jeweils benachbarten Flansche der Gaszu- bzw. abströmblöcke (s. Abbildung 6.2) auf unterschiedlichem elektrischen Potential befinden, muß ein ausreichender Abstand zwischen den Elektrodenenden und den Flanschen eingehalten werden. Andernfalls kommt es zu parasitären Entladungen von der HF–Elektrode zu den auf Massepotential liegenden Flanschen. Die Stärke des Wirkanteils dieser parasitären Entladung hängt von der lokalen reduzierten Feldstärke $\frac{E(\vec{r})}{n(\vec{r})}$ ab.

[2]In einem realen Lasersystem ist dabei die Gesamtlänge L des *LAM* in der Regel die Summe der L_i mehrerer Entladungsmodule.

6.4 Kurzes Rohr mit asymmetrischer HF-Zuführung

Wie in den elektrischen Schaltbildern von Kapitel 3 bereits deutlich wurde, sind die verwendeten HF-Generatoren mit einem asymmetrischen Ausgang versehen. Damit ist auch das Potential an den Elektroden asymmetrisch. Das hat den Nachteil, daß im Vergleich zur symmetrischen Speisung an der HF-Elektrode doppelt so hohe Spannungen auftreten. Dadurch ist auch die Feldstärke zu den benachbarten Gehäuseteilen, die sich auf Massepotential befinden — insbesondere den Rohrflanschen der Gaszu- und abströmblöcke — ebenfalls entsprechend groß. Damit nimmt die Wahrscheinlichkeit der oben erwähnten unerwünschten parasitären Entladungen zu.

Außerdem brennt aufgrund der Streufelder die Entladung asymmetrisch von der HF-Elektrode zur Masseelektrode (s. Abbildung 6.4), was dazu führt, daß besonders bei Rohren mit großen Dimensionen in Feldrichtung und bei kleinen Leistungen die Entladung nur im oberen Teil des Rohres brennt. Deshalb wurde untersucht, welche Vorteile eine Symmetrisierung für die Homogenität und Stabilität der Entladung hat.

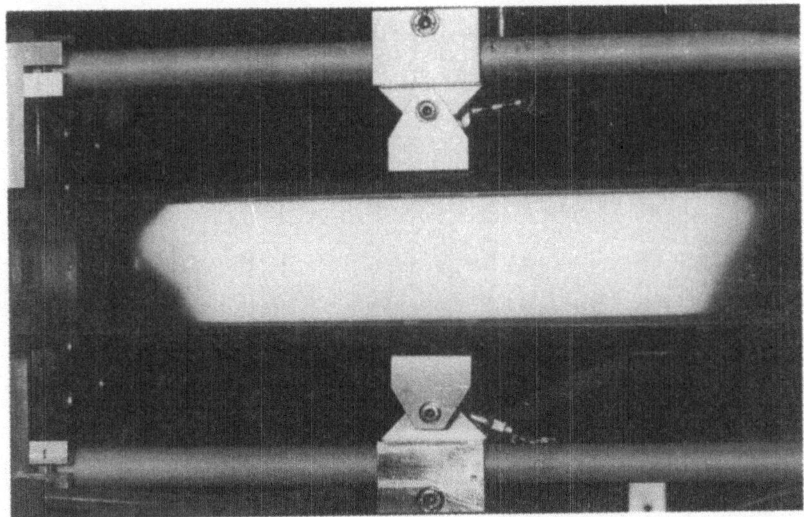

Abb. 6.4: Asymmetrische Leuchtdichteverteilung der Entladung im kurzen Rohr (Φ_i = 46 mm) mit asymmetrischer HF-Zuführung. Die Masseelektrode (unten) ist in Richtung Gasströmung (von links nach rechts) verkippt.

6.5 Kurzes Rohr mit Symmetrisierspule

Die Elektrodenpotentiale können mit einer Spule näherungsweise symmetrisiert werden, was in Abbildung 6.5 dargestellt ist. Dazu wurde in einem ersten Schritt nach der in

Anhang A.2 abgeleiteten Formel die Induktivität L grob abgeschätzt:

$$L = \frac{1}{2\,\omega^2\,C_E}\,. \tag{6.1}$$

Die serielle Kapazität C_E kann näherungsweise aus der Kapazität C_u des ungezündeten Entladungsrohrs berechnet werden, die parallel zum Plasmawiderstand R_{Pl} geschaltet ist[3]. Die Umrechnung der Parallelschaltung (R_P und X_P) in die Serienschaltung (R_S und X_S) gemäß (z.B. [83])

$$R_S = \frac{R_P}{1 + \left(\frac{R_P}{X_P}\right)^2} \quad \text{und} \quad X_S = \frac{X_P}{1 + \left(\frac{X_P}{R_P}\right)^2} \tag{6.2}$$

liefert $R_E \approx 270\,\Omega$ und $X_E \approx 860\,\Omega$ (= 13,6 pF, für ν = 13,56 MHz). Dabei wurde $C_u \approx 12,4$ pF rechnerisch nach Abbildung 6.6 abgeschätzt und $R_{Pl} \approx 3$ kΩ aus Abbildung 4.6 für $P_{HF} = 2,5$ kW bestimmt (für $L_E = 20$ cm entspricht dies $\rho \approx 60$ kΩ·cm und $p_{HF} \approx 6$ W/cm^3). Damit ergibt sich aus Gleichung 6.1 die gesuchte Induktivität zu $L \approx 5,1\,\mu$H.

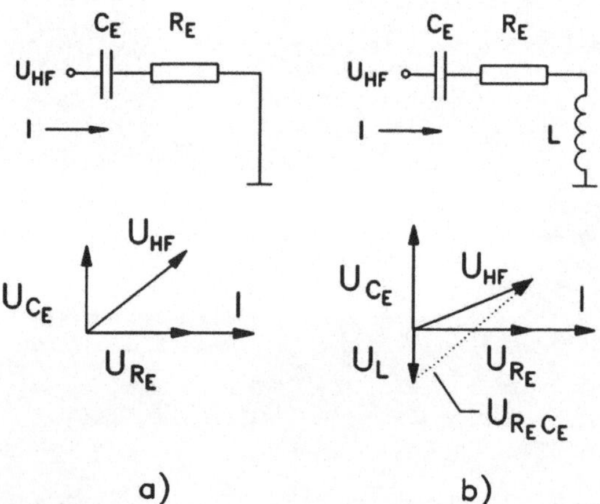

Abb. 6.5: Einfaches Ersatzschaltbild und Zeigerdiagramme für die asymmetrische HF-Zuführung a) und für die Zuführung mit zusätzlicher Symmetrierspule b).

Mit Hilfe dieser Abschätzung konnte nun eine vorhandene Spule aus Kupferrohr entsprechend modifiziert werden. Aus dem Durchmesser r_S = 32 mm der Spule und einer gewünschten Länge von ca. l_S = 70 mm kann aus der Beziehung $L \simeq \mu_0 \mu_r N^2 A_S / l_S$ ($A_S = \pi r_S^2$; $\mu_{Luft} \approx 1$, $\mu_0 = 1,25 \cdot 10^{-8}$ H/cm) die Windungszahl zu $N \simeq 10$ errechnet werden.

Zunächst wurde die Untersuchung der Leuchtdichteverteilung in Strömungsrichtung mit $N = 14$ begonnen und anschließend die Windungszahl auf $N = 12$ verringert. Das für

[3] Die Grenzschicht wird hier vernachlässigt und $\epsilon_{Pl} \approx 1$ gesetzt.

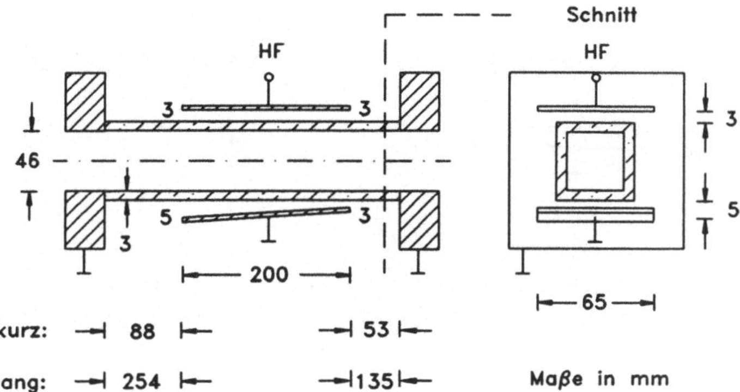

Abb. 6.6: Anordnung der dielektrischen Elektroden zur rechnerischen Abschätzung der Kapazität des ungezündeten Entladungsrohrs.

die Betriebsfrequenz $\nu = 13,56$ MHz gültige Ersatzschaltbild wurde mit Hilfe eines Impedanzanalysators ermittelt (Abbildung 6.8). Der Wert der Induktivität unterscheidet sich nur unwesentlich vom zuvor abgeschätzten. Allerdings muß zusätzlich eine Streukapazität und ein Verlustwiderstand berücksichtigt werden. Das qualitative Ergebnis der Leuchtdichteverteilungen ist in Abbildung 6.7 dargestellt. Zum Vergleich wurden zusätzlich zwei asymmetrisch gespeiste Entladungsrohre verschiedener Länge untersucht (die Abmessungen sind Abbildung 6.6 zu entnehmen).

Die Abweichungen der geometrischen Form des Fluoreszenzleuchtens von einem geraden Kreiszylinder (diese sind auch in Abbildung 6.4 gut zu erkennen) sind ein qualitatives Abbild der Stärke und Richtung der elektrischen Streufelder zu den auf Massepotential liegenden Rohrflanschen. In a) gehen die Feldlinien nur von der HF–Elektrode aus, während in b) das virtuelle Nullpotential so verschoben ist, daß die Feldlinien nun von der unteren Elektrode stärker ausgehen, als von der oberen. Durch Pfeile ist symbolisch angedeutet, von wo aus bei entsprechend hoher HF–Leistung eine bogenartige Entladung Richtung Rohrflansch brennt. In c) und d) sind die Streufelder symmetrisch bzw. so gering, daß sie die Leuchtdichteverteilung der Fluoreszenz nicht beeinflussen. Bogenentladungen zu den Rohrflanschen traten auch bei hohen Leistungen (6 kW) *nicht* auf. Filamente waren in a) ab ca. 3,5 kW und in c) und d) jeweils ab ca. 4,5 kW zu beobachten.

Da die Symmetrierspule je nach Last (Leistungsdichte, Rohrquerschnitt, Elektrodenabmessungen etc.) neu dimensioniert werden muß, um die Entladung wirkungsvoll zu symmetrisieren, und da die Filamentierungsgrenzen im Fall c) und d) gleich waren, wurden alle folgenden Untersuchungen mit langen Entladungsrohren und symmetrischer Zuführung durchgeführt.

In den folgenden Abschnitten wird das Entladungsverhalten in Rohren mit verschiedenen rechteckförmigen Querschnittsflächen näher erläutert.

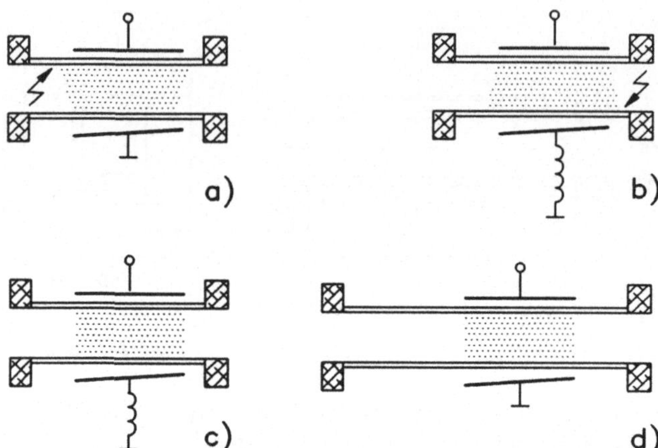

Abb. 6.7: Schematische Darstellung der Leuchtdichteverteilung. a) kurzes Rohr mit asymmetrischer Zuführung, b) kurzes Rohr mit Symmetrisierspule (14 Windungen), c) wie b), aber 12 Windungen und d) langes Rohr mit asymmetrischer Zuführung. Die Pfeile symbolisieren eine Bogenentladung zum Gasflansch (Massepotential) bei hohen HF-Leistungen.

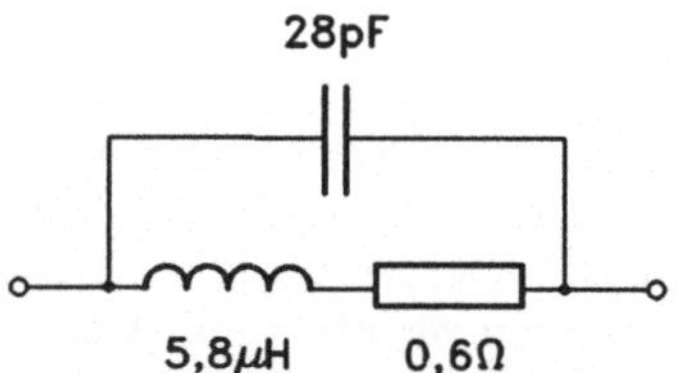

Abb. 6.8: Ersatzschaltbild der Symmetrisierspule für homogene Leuchtdichteverteilung.

6.6 Visuelle Untersuchung der Stabilitätsgrenzen

6.6.1 Vorbetrachtung

Ziel dieser Untersuchungen war es, die Parameterbereiche für unterschiedliche Entladungsformen zu ermitteln. In Hinblick auf die Konzeption eines CO_2-Lasers mit guter Strahlqualität (d.h. guter *Fokussierbarkeit*) ist inbesondere die volumenmäßig homogen brennende (*diffuse*) Entladungsform von Interesse (s. Kapitel 7). Für kompakte Höchstleistungslaser sind außerdem hohe elektrische Leistungsdichten erforderlich. Daraus ergibt sich die Notwendigkeit, die Bedingungen für das Auftreten von *Entladungsfilamenten* zu untersuchen und die Grenzen der *Entladungsstabilität* zu ermitteln.

Die Filamentierung der Gasentladung ist nur in Achsrichtung des Entladungsrohres betrachtet visuell erkennbar, während in der longitudinalen Leuchtdichteverteilung *keine* signifikante Veränderung sichtbar ist. Diese experimentelle Erfahrung hat die wichtige Konsequenz, daß bei einem realen Laser aus dem "diffusen" Fluoreszenzleuchten bei seitlicher Betrachtung nicht zuverlässig auf eine filamentfreie Entladung geschlossen werden kann. Erst wenn in Achsrichtung betrachtet grell weiß leuchtende, bogenartige Strukturen sichtbar sind, wird auch die longitudinale Leuchtdichteverteilung erkennbar inhomogen.

Im Unterschied dazu zeigt die nicht über die gesamte Elektrodenlänge ausgebildete Entladung, wie sie in Kapitel 4 diskutiert wurde, *nicht notwendigerweise* eine inhomogene Entladung an. Je nach Kippwinkel und Entladungsparameter (Gasdruck, Strömungsgeschwindigkeit, Rohrquerschnitt und HF-Leitung) kann auch in diesem Fall die Entladung ohne Filamente und völlig homogen über dem Rohrquerschnitt brennen. In den Untersuchungen der folgenden Kapitel wurden die Bedingungen so gewählt, daß die Entladung das Rohr über die gesamte Elektrodenlänge ausfüllte. Falls nicht anders vermerkt, werden deshalb im folgenden ausschließlich Leuchtdichteverteilungen $L(x, y)$ über dem Rohrquerschnitt, d.h. in Strömungsrichtung betrachtet diskutiert.

Experimentell wurde sowohl eine Korrelation des Leuchtdichteprofils $L(x, y)$ mit dem Kleinsignalverstärkungsprofil $g_0(x, y)$ (Kapitel 8), als auch mit der Verteilung der Dichte der Gasteilchen im Entladungsrohr (Kapitel 7 gefunden. Aus der Verteilung der Leuchtdichte im Entladungsrohr lassen sich also bereits Rückschlüsse auf die Eignung der Entladung für den Laserbetrieb ziehen.

Im folgenden werden die experimentellen Ergebnisse der Untersuchung der Leuchtdichteverteilung und Entladungsstabilität für einige unterschiedliche Entladungsrohre mit rechteckförmiger Querschnittsfläche diskutiert.

6.6.2 Phänomenologie der Entladungsformen

Die in Richtung der Rohrachse (*end-on*) beobachteten Leuchtdichteverteilungen lassen sich in drei Kategorien unterteilen: *homogen*, *wandbetont* und *mittenbetont*. In Abbildung 6.9 sind diese typischen Leuchtdichteverteilungen schematisch dargestellt. Senkrecht zu dieser Richtung (*side-on*) lassen sich keine signifikanten Unterschiede in der longitudinalen Verteilung der Leuchtdichte ausmachen. Erst wenn die Stabilitätsgrenze (diese wird weiter unten definiert) erreicht ist, erkennt man auch side-on eine deutliche *Strukturierung* des Fluoreszenzleuchtens. Die Entladung brennt dann immernoch über nahezu die gesamte Elektrodenlänge, d.h. die in Achsrichtung erkennbare "bogenähnliche" Entladungserscheinung ist eine parallel zur Strömungsrichtung orientierte "flächige" Struktur und keine "eindimensionale" Erscheinung, wie dies von der Kontraktion einer longitudinalen Gleichstromentladung zur Bogenentladung bekannt ist.

Bei der homogenen Entladung ist die Leuchtdichte im gesamten Volumen gleichförmig. Innerhalb eines optimalen Druckbereichs Δp_{op} kann diese in einem weiten HF-Leistungsbereich Δp_{HF} aufrechterhalten werden. Die homogene Entladung ist für eine Volumenskalierung der Laserleistung besonders gut geeignet.

Die wandbetonte bzw. mittenbetonte Entladung geht aus der homogenen Entladung hervor, indem bei konstanter Strömungsgeschwindigkeit v und HF-Leistungsdichte p_{HF} der Gasdruck p aus dem erwähnten optimalen Druckbereich erniedrigt bzw. erhöht wird. Im ersten Fall erhöht sich dabei sukzessive die Leuchtdichte in unmittelbarer Nähe der

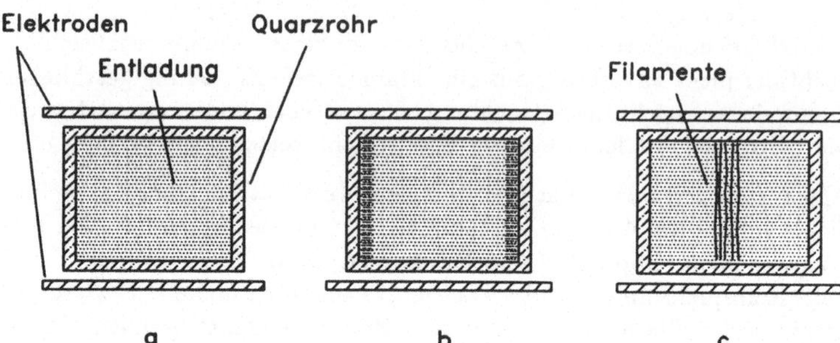

Abb. 6.9: Schematische Darstellung (*end–on*) typischer Leuchtdichteverteilungen: a) homogen (optimaler Gasdruck), b) wandbetont (zu niederer Gasdruck), c) mittenbetont (zu hoher Gasdruck). Die Schwärzung symbolisiert die Leuchtdichte.

Rohrinnenwand in Richtung des elektrischen Feldes, während sie im restlichen Volumen abnimmt. Im zweiten Fall treten zunächst zeitlich und räumlich vereinzelt, dann schließlich eine Vielzahl auch quasistationäre Filamente auf, die in Richtung des elektrischen Feldes orientiert sind. Sie befinden sich nur im Bereich um die Mitte zwischen den Rohrinnenwänden, während im restlichen Bereich die Leuchtdichte abnimmt. Eine Erhöhung der eingekoppelten HF-Leistungsdichte verstärkt diese Effekte deutlich.

Der optimale Gasdruck wäre demnach derjenige, bei dem die Entladung auch bei "höchsten" Leistungsdichten noch homogen brennt. Dies konnte allerdings nicht beobachtet werden, vielmehr wird jede Entladungsform bei genügend hohen HF–Leistungen instabil.

An der Stabilitätsgrenze treten starke zeitliche und räumliche Fluktuationen der Leuchtdichteverteilung und einhergehend damit Schwankungen der HF-Leistungseinkopplung auf. Eine optimale Einstellung des Anpaßnetzwerkes auf minimale reflektierte HF–Leistung ist dann im zeitlichen Mittel nicht mehr möglich. Die strukturiert, grell weiß brennende Entladung wird von einer sehr intensiven Ozonbildung und einer starken Erwärmung des Entladungsrohres begleitet. Das Ozon wird durch die UV–Strahlung erzeugt, welche bei dieser stromstarken Entladungsform vermehrt entsteht. Auch hier sind je nach der Höhe des Gasdrucks drei Fälle unterscheidbar. In der Reihenfolge der Abbildung 6.9 beobachtet man: a) viele "Bögen" nahezu gleichmäßig über dem Querschnitt verteilt (mittlerer Gasdruck), b) je ein "Bogen" entlang der beiden diametralen Rohrinnenwände (niederer Gasdruck) und c) wenige "Bögen" nur im Mittenbereich des Rohrquerschnitts (hoher Gasdruck). Im restlichen Volumen ist dabei — im Gegensatz zu den in Abbildung 6.9 gezeigten Leuchterscheinungen, wo auch in den Fällen b und c noch ein gleichmäßiges "Hintergrundleuchten" zu beobachten ist — im wesentlichen *kein* Fluoreszenzleuchten mehr zu erkennen. Abbildung 6.10 gibt die Verhältnisse schematisch wieder. Im folgenden Abschnitt werden die Parameter erläutert, welche die Entladungsform bestimmen.

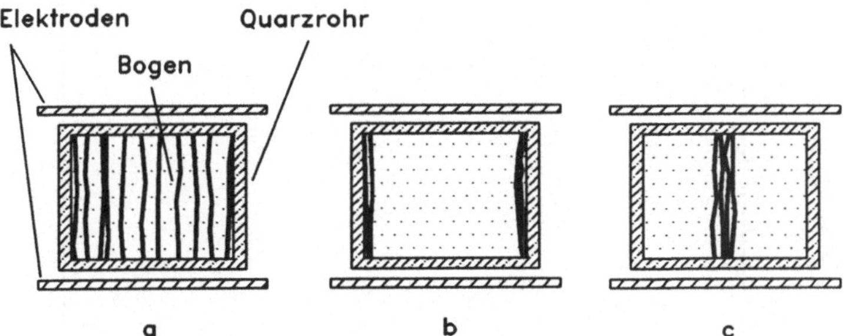

Abb. 6.10: Schematische Darstellung (*end-on*) typischer Leuchtdichteverteilungen an der Stabilitätsgrenze: a) "homogen", b) wandbetont, c) mittenbetont. Sie entstehen aus jenen in Abbildung 6.9 durch Erhöhen der HF-Leistung. Die Schwärzung symbolisiert die Leuchtdichte.

6.6.3 Einflußgrößen der Filamentbildung

Neben der stabilisierenden Dicke und Art des Dielektrikums beeinflussen vor allem die fluidmechanischen Größen Strömungsgeschwindigkeit v — bzw. die Aufenthaltsdauer τ_v des Gases in der Entladungszone — und der Gasdruck p — bzw. die Teilchendichte n — die Entladungsform und das Entstehen von Filamenten. Außerdem hat die Länge $d_{\vec{E}}$ der Entladung in Richtung des elektrischen Feldes $\vec{E}$ Einfluß auf die Entladungsform.

Einfluß des Dielektrikums

In Abbildung 6.11 ist der experimentell ermittelte Einfluß der Dicke d_L der Luftspalte zwischen den Elektroden und der Außenwand des Entladungsrohres mit einer Querschnittsfläche von $46 \cdot 46$ mm^2 auf die kritische Leistungsdichte p_{HF}^{cr} zur Ausbildung von Filamenten dargestellt. Dabei ist d_L die Summe aus den Dicken der Luftspalte der HF- und der Masse-Elektrode.

Zur Anpassung der elektrischen Feldstärke an die Gasteilchendichte n nimmt der Abstand der Masse-Elektrode in Strömungsrichtung zu. Die dazu erforderliche Verkippung der Elektrode wurde so ausgeführt, daß das Fluoreszenzleuchten der Entladung längs der Elektrode homogen ist. Für die Summenbildung wurde deshalb der mittlere Abstand der Masse-Elektrode verwendet.

Deutlich ist die stabilisierende Wirkung des Luftdielektrikums zu erkennen. Mit zunehmender Dicke d_L der Luftschicht nimmt die kritische Leistungsdichte p_{HF}^{cr} anfangs deutlich zu und flacht dann ab, was in Abbildung 6.17 besonders deutlich wird, wo die Abhängigkeit für drei verschiedene Rohre zeigt ist. Durch weiteres Erhöhen der Dicke der dielektrischen Schicht können also keine beliebig höheren elektrischen Leistungsdichten eingekoppelt werden.

Problematisch wird außerdem die ebenfalls zunehmende Spannung, die über der dielektrischen Schicht abfällt. Dadurch wächst die Wahrscheinlichkeit der bereits erwähnten para-

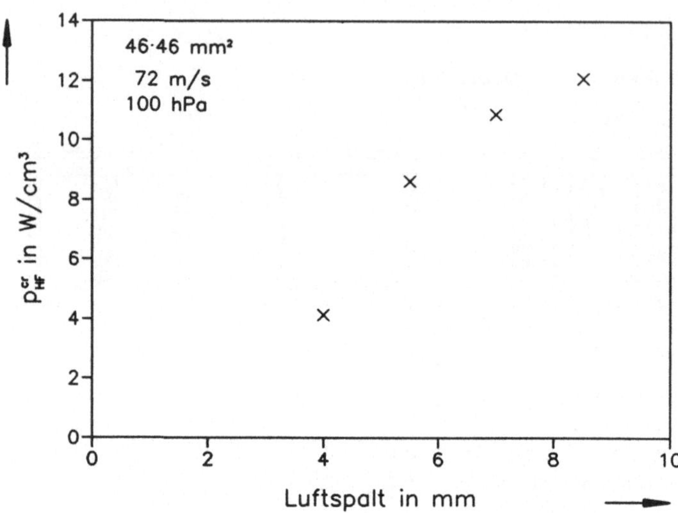

Abb. 6.11: Kritische Leistungsdichte p_{HF}^{cr} (Filamentierungsgrenze) als Funktion der Dicke des Luftdielektrikums zwischen Elektroden und Entladungsrohr.

sitären Entladungen, insbesondere an Ecken und Kanten der HF-Elektrode und während des Zündvorgangs innerhalb des Anpaßnetzwerkes.

Mit steigender HF-Leistung und konstanter Dicke des Dielektrikums nimmt auch die Feldstärke im Dielektrikum zu. Sie errechnet sich mit Gleichung 2.14, S.21 zu

$$E_{Di} = U_{Di}/d_{Di} = \frac{j}{\varepsilon_0\,\varepsilon_r\,\omega}\,. \tag{6.3}$$

Erreicht sie die Durchbruchfeldstärke des Materials (in elektrischen Gleichfeldern gilt für Quarz: $E_D \approx 250...400$ kV/cm, für Luft: $E_D \approx 30$ kV/cm) kommt es zum elektrischen Durchschlag. Aus Gleichung 6.3 ergibt sich die maximal einkoppelbare Stromdichte dann zu

$$j_{max} = E_D\,\varepsilon_r\,\varepsilon_0\,\omega\,. \tag{6.4}$$

Hieraus ersieht man, daß bei konstanter Frequenz das Produkt aus Durchbruchfeldstärke und relativer Dielektrizitätskonstante den Wert von j_{max} festlegt. Da $(E_D{\cdot}\varepsilon_r)_{Quarz} > (E_D{\cdot}\varepsilon_r)_{Luft}$ begrenzt das Luftdielektrikum die maximal einkoppelbare HF-Leistungsdichte.

Einfluß der Strömungsgeschwindigkeit

In Abbildung 6.12 sind drei unterschiedliche Entladungsbereiche dargestellt. Diese sind durch experimentell ermittelte Grenzen voneinander getrennt. Die Grenzmeßwerte ergeben sich aus den beiden folgenden Definitionen:

- *Filamentierungsgrenze*: $p_{HF} = p_{HF}^{cr}$

  Entlang dieser Grenze sind die Entladungsbedingungen (Leistungsdichte p_{HF}, Gasdruck p, Strömungsgeschwindigkeit v und Geometrie des Entladungsrohres) gerade so, daß aufgrund der Fluktuation innerhalb der Entladung statistisch mindestens ein einzelnes Filament während einer bestimmten Beobachtungsdauer entsteht. Wird von diesem Wert aus die elektrische Leistungsdichte bis um etwa 10 % erniedrigt, so ist auch bei längerer Beobachtungsdauer kein Filament in der Entladung zu erkennen. Ausgehend von der in Gleichung 2.23 formulierten Bedingung, nach der für $\tau_v < \tau_i$ *keine* Filamente entstehen, kann an der oben definierten Filamentierungsgrenze die Entstehungszeit der Filamente zu $\tau_i \approx \tau_v$ abgeschätzt werden.

- *Stabilitätsgrenze*: $p_{HF} = p_{HF}^{max}$

  Diese Grenze ist bereits in Abschnitt 6.6.2 beschrieben. Die "bogenartige" Entladung ermöglicht keine Abstimmung des Anpaßnetzwerkes mehr auf eine verschwindend kleine reflektierte HF-Leistung $P_{refl} \approx 0$. Demnach ist eine Erhöhung der in die Gasentladung eingekoppelten HF-Leistung durch eine Erhöhung der Vorwärtsleistung P_{vor} *nicht* mehr möglich.

In unmittelbarer Nähe der Stabilitätsgrenze bewirkt die stark strukturierte Entladung lokal sehr hohe Leistungsdichten, wodurch das Gasgemisch degradiert, verursacht durch Dissoziation und Sputterprozesse an der Quarzrohrinnenwand (Hochstrom- oder γ-Modus [42]). Beobachtbar ist dies durch die zunehmende reflektierte HF-Leistung P_{refl} (die Entlagungsimpedanz ändert sich) und visuelle Veränderungen der Entladung sowohl end-on (die einzelnen "Bögen" werden zunehmend grell weißlich und ziehen sich zu kleineren "Durchmessern" zusammen), als auch side-on (an den Seitenwänden sind zunehmend bogenähnliche Strukturierungen zu sehen, die am Gaszuströmende der Elektrode ansetzen und in Strömungsrichtung orientiert sind). Da es sich hierbei um kummulative Prozesse handelt, findet dieser Vorgang im Zeitbereich von einigen Sekunden statt.

Die Gasdegradation bewirkt eine Art "Hysterese"-Effekt, der erst bei deutlich niedrigerer HF-Leistung wieder eine optimale Anpassung gestattet. Außerdem ist in nachfolgenden Untersuchungen bei niedrigerem Leistungsniveau auch eine Abnahme der Filamentierungsgrenze festzustellen. Aus diesem Grunde muß bei Annäherung an die Stabilitätsgrenze jedesmal der Gaskreislauf evakuiert und mit frischem Gas befüllt werden, um reproduzierbare Aussagen aus den folgenden Untersuchungen zu erhalten.

Wie in Abbildung 6.12 zu erkennen ist, nimmt bei konstantem Druck sowohl die kritische Leistungsdichte p_{HF}^{cr}, als auch die maximal einkoppelbare Leistungsdichte p_{HF}^{max} mit zunehmender Strömungsgeschwindigkeit v des Gases zu. Folgende Faktoren sind hierfür verantwortlich:

1. Die Verweildauer τ_v eines Volumenelements des Gases in der Entladungszone nimmt ab. Es bilden sich keine Filamente solange $\tau_v < \tau_i$ gilt.

2. Der turbulente Diffusionskoeffizient D_T nimmt zu und damit nimmt τ_D ab, siehe Gleichung 2.22, S.25. Unter den in Abbildung 6.12 gewählten experimentellen Bedingungen beträgt bei $v = 48$ m/s die Reynoldszahl $Re = 3255$, d.h. es liegt bereits bei der niedrigsten realisierten Geschwindigkeit ein turbulentes Strömungsprofil vor.

3. Die Temperaturerhöhung ΔT des Gases durch die Entladung nimmt ab und damit die Wahrscheinlichkeit thermischer Instabilitäten [76, 74, 104].

4. Die in der Entladung entstehenden Dissoziationsprodukte wie CO, NO_2, N_2O usw. werden rascher aus der Entladungszone transportiert, und damit verringert sich die Wahrscheinlichkeit für die durch chemische Reaktionsprodukte entstehenden Instabilitäten [105, 106].

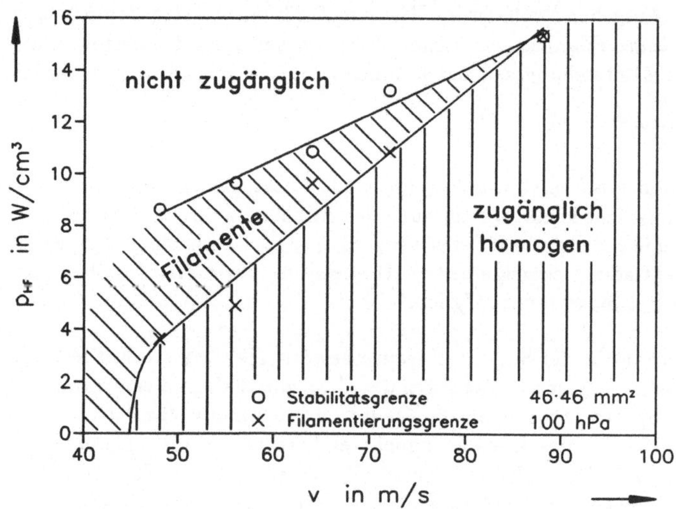

Abb. 6.12: Kritische Leistungsdichte p_{HF}^{cr} (Filamentierungsgrenze) und maximal einkoppelbare Leistungsdichte p_{HF}^{max} (Stabilitätsgrenze) als Funktion der Strömungsgeschwindigkeit v. Mittlere Dicke des Luftspalts: 7 mm.

Im folgenden werden die drei Bereiche in Abbildung 6.12 näher erläutert:

1. $p_{HF} < p_{HF}^{cr}$ (zugänglicher Bereich, homogen):

   In diesem Bereich brennt die Entladung diffus und homogen, d.h. die Leuchtdichte ist über das gesamte Entladungsvolumen gleichverteilt ohne sichtbare Struktur. Wie in den Kapiteln 7, S.83 und 8, S.95 gezeigt werden wird, ist in diesem Bereich die optische Deformation einer Laserwellenfront durch das Medium besonders gering und der Kleinsignalverstärkungskoeffizient erreicht gleichmäßig hohe Werte über dem Querschnitt des Entladungsrohres. In Hinblick auf die Realisierung eines effizienten CO_2–Lasers ist der Bereich direkt unterhalb der Filamentierungsgrenze deshalb besonders interessant.

2. $p_{HF}^{cr} < p_{HF} < p_{HF}^{max}$ (Übergangsbereich, Filamente):

   Im Bereich zwischen der Filamentierungsgrenze $p_{HF} = p_{HF}^{cr}$ und der Stabilitätsgrenze $p_{HF} = p_{HF}^{max}$ treten zeitlich und räumlich umso mehr Filamente auf, je größer die eingekoppelte elektrische Leistungsdichte p_{HF} ist, da $\tau_i \sim 1/p_{HF}$ [79]. Wird also p_{HF} erhöht, nimmt auch die Wahrscheinlichkeit zu, daß innerhalb eines Volumenelementes während dessen Aufenthaltszeit τ_v in der Entladung ein Filament entsteht.

Für genügend große Strömungsgeschwindigkeiten v verschwindet der eben geschilderte Bereich. Erhöht man sukzessive die eingekoppelte Leistung P_{HF}, geht die homogene Entladung in der Nähe der Stabilitätsgrenze direkt in eine vom Gasdruck abhängige bogenartige Entladungsform über ($p_{HF} = p_{HF}^{max}$). Der Übergangsbereich, in dem die Entladung über den ganzen Rohrquerschnitt homogen brennt und statistisch einzelne Filamente auftreten, existiert nicht mehr[4]. Dies ist in Abbildung 6.12 für $v > 90$ m/s (*obere* Grenzgeschwindigkeit) der Fall. Der Grund dafür ist, daß bei großen Strömungsgeschwindigkeiten v die Aufenthaltsdauer τ_v des Gases in der Entladung kleiner ist als die Entstehungszeit τ_i der Filamente.

Für $v < 45$ m/s (*untere* Grenzgeschwindigkeit v_{ug}, entspricht $\tau_v > 4,4$ ms) hingegen ist keine homogene filamentfreie Entladung möglich. Selbst für kleine Leistungen, bei denen die Entladung gerade noch das gesamte Entladungsvolumen ausfüllt, ist offenbar bereits $\tau_i < \tau_v$.

3. $p_{HF} > p_{HF}^{max}$ (unzugänglicher Bereich):

   Der Bereich oberhalb der Stabilitätsgrenze in Abbildung 6.12 ist *nicht* zugänglich. Bei $p_{HF} = p_{HF}^{max}$ ist, wie bereits weiter oben erläutert, eine weitere Steigerung der *eingekoppelten* Leistung P_{HF} nicht mehr möglich, da zunehmende zeitliche Fluktuationen der Entladung zur Reflexion dieser Leistung führen. Das Anpaßnetzwerk kann dann nicht mehr auf $P_{refl} \approx 0$ eingestellt werden. Die Angabe einer *mittleren* eingekoppelten Leistungsdichte[5] p_{HF} ist nun nicht mehr sinnvoll. Wie in Kapitel 6.6.2 bereits erläutert wurde, ist die Entladungsform oberhalb der Stabilitätsgrenze vom Gasdruck p abhängig. Während beispielsweise für $p = 100$ hPa die Entladung wandbetont brennt, ist bei $p = 130$ hPa und sonst unveränderten Parametern die Entladung stark mittenbetont.

   Wie in Kapitel 8 gezeigt wird, wirkt sich dieses druckabhängige Verhalten auch schon deutlich unterhalb der Stabilitätsgrenze auf das Profil der Kleinsignalverstärkung aus.

Einfluß des Gasdrucks

Betrachtet man nun die Filamentierungsgrenzen $p_{HF} = p_{HF}^{cr}$ für unterschiedliche Gasdrücke p (Abbildung 6.13), so fallen die mit zunehmendem Druck p größer werdenden Steigungen der Ausgleichsgeraden auf, die außerdem zu höheren Strömungsgeschwindigkeiten verschoben sind. Für $v = const.$ nimmt die kritische Leistungsdichte p_{HF}^{cr} mit steigendem Gasdruck p ab. Für $p_{HF} = const.$ nimmt die kritische Strömungsgeschwindigkeit[6]

[4]Höhere (mittlere) Strömungsgeschwindigkeiten als $v \approx 90$ m/s konnten bei einem Rohrquerschnitt von $46 \cdot 46$ mm^2 mit der zur Verfügung stehenden Wälzkolbenpumpe in diesem Aufbau nicht erreicht werden.

[5]Nur bei *homogener* Entladung kann man in guter Näherung setzen: $p_{HF} = P_{HF}/V$, wobei $P_{HF} = P_{vor} - P_{refl}$ (die geringen Verluste in Zuleitungen und Anpaßnetzwerk sind hier vernachlässigt) und V: Entladungsvolumen.

[6]Diesem Begriff entsprechend ergibt sich eine kritische Verweildauer $\tau_v^{cr} = L/v_{cr}$, bei deren Überschreitung gerade die ersten Filamente auftreten.

v_{cr} mit steigendem Gasdruck p zu. Daraus kann der Schluß gezogen werden, daß mit steigendem Gasdruck p die Entstehungszeit für Filamente τ_i abnimmt, ähnlich wie dies für die eingekoppelte Leistungsdichte p_{HF} gilt. Dieses experimentell gefundene Verhalten stimmt mit den theoretischen Ergebnissen in [79] überein.

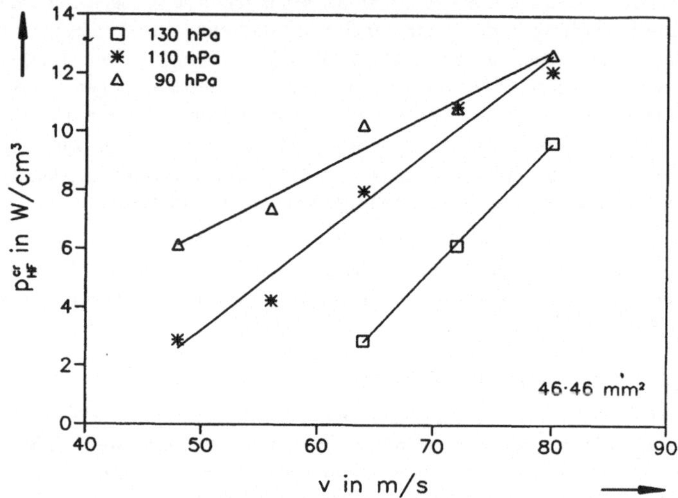

Abb. 6.13: Kritische Leistungsdichte p^{cr}_{HF} (Filamentierungsgrenze) als Funktion der Strömungsgeschwindigkeit v. Parameter ist der Gasdruck p. Mittlere Dicke des Luftspalts: 7 mm.

Das folgende Beispiel verdeutlicht den Sachverhalt: Für $p_{HF} \approx 6$ W/cm^3 findet man in Abbildung 6.13 für $p = 90$ hPa bzw. $p = 130$ hPa die kritischen Geschwindigkeiten (bei deren Unterschreitung gerade erstmals Filamente sichtbar werden) $v_{cr} = 48$ m/s respektive $v_{cr} = 72$ m/s. Bezogen auf die Länge $L_E = 20$ cm der Gasentladungsstrecke[7] ergeben sich die Aufenthaltszeiten $\tau_v = 4,3$ ms und $\tau_v = 2,8$ ms. Das bedeutet, daß sich bei einer Druckerhöhung von $p = 90$ hPa auf $p = 130$ hPa die Entstehungszeit für Filamente von $\tau_i = 4,3$ ms auf $\tau_i = 2,8$ ms verkürzt haben muß. Andernfalls hätten die Volumenelemente die Entladungszone bereits verlassen, noch bevor sich ein Filament ausbilden konnte.

In Abbildung 6.14 ist die Abhängigkeit der Filamentierungsgrenze $p_{HF} = p^{cr}_{HF}$ und der Stabilitätsgrenze $p_{HF} = p^{max}_{HF}$ vom Gasdruck p (bei konstanter Strömungsgeschwindigkeit v) explizit dargestellt.

Auffallend ist wieder die deutlich stärkere Abnahme von p^{cr}_{HF} mit steigendem Gasdruck p als dies für p^{max}_{HF} der Fall ist. Dadurch schneiden sich die beiden Geraden im Punkt $p = p_{ug}$ (nicht eingezeichnet, da für Drücke kleiner ungefähr 80 hPa und hohen HF-Leistungsdichten die Entladung deutlich stromab verschleppt). Für kleinere Drücke p als

[7] Falls die Entladung stromab verschleppt wird, muß die effektive Länge der Entladung in Strömungsrichtung berücksichtigt werden. Für die Bedingungen in Abbildung 6.13 ist diese Entladungsverschleppung erst für Gasdrücke kleiner ca. 90 hPa und entsprechend hohen Leistungsdichten signifikant.

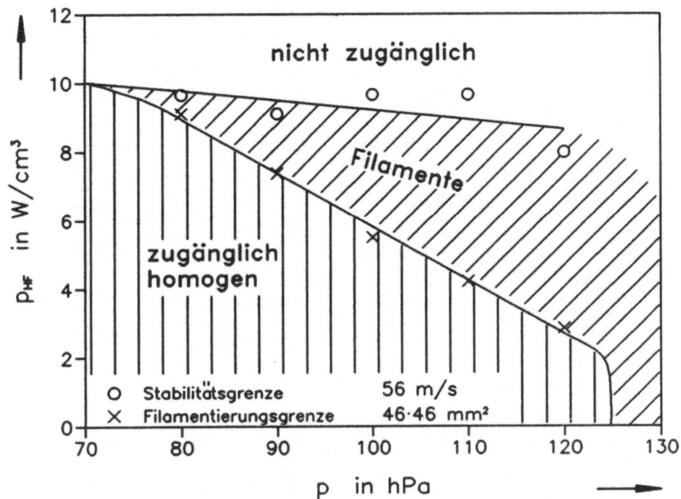

Abb. 6.14: Kritische Leistungsdichte p_{HF}^{cr} (Filamentierungsgrenze) und maximal einkoppelbare Leistungsdichte p_{HF}^{max} (Stabilitätsgrenze) als Funktion des Gasdruckes p. Mittlere Dicke des Luftspalts: 7 mm.

dieser *untere Grenzdruck*[8] p_{ug} sind keine Filamente sichtbar, während für Drücke p, die größer als der *obere Grenzdruck* p_{og} sind, keine filamentfreie Entladung möglich ist (für die Bedingungen in Abbildung 6.14 ist dies ungefähr für $p > 125$ hPa der Fall). Es existiert also ein *optimaler Druckbereich* p_{og} bis p_{ug}.

Die Begründung ist, ähnlich wie beim Einfluß der Strömungsgeschwindigkeit, daß bei $p < 80$ hPa die Filamentierungsbedingung $\tau_i < \tau_v$ $(= 3,6$ ms) für $p_{HF} < p_{HF}^{max}$ nicht erfüllt ist. Für $p > 125$ hPa ist hingegen keine filamentfreie Entladung möglich, da für jede Leistungsdichte p_{HF}, welche mindestens die Entladung aufrecht erhält, die Bedingung $\tau_i < \tau_v$ bereits erfüllt ist (es gilt ja: $\tau_i \sim 1/p$).

An dieser Stelle muß noch einmal betont werden, daß diese Grenzen mit steigender Strömungsgeschwindigkeit v, wie weiter oben bereits beschrieben und in Abbildung 6.15 gezeigt, zu höheren HF-Leistungsdichten und zu höheren Gasdrücken verschoben sind.

Einfluß der Entladungslänge in Feldrichtung

Der oben erwähnte optimale Druckbereich, in dem bis zu einer bestimmten HF-Leistungsdichte p_{HF}^{cr} eine homogene, filamentfreie Gasentladung erzielt werden kann, ist von der Länge $d_{\vec{E}}$ der Entladungssäule in Richtung des elektrischen Feldes $\vec{E}$ abhängig (siehe Abbildung 6.16).

[8] Für $p < p_{ug}$ "verschleppt" die Entladung sehr deutlich in Strömungsrichtung, beginnend am Ende der Elektrode. Außerdem nimmt die Gastemperatur Werte an (in Abbildung 6.14 wurde für 80 hPa eine Temperatur von ca. 210° C gemessen), die keine ausreichend hohen Besetzungsinversionsdichten mehr zulassen. Wegen der wandbetonten Entladung erhöht sich auch die Wandtemperatur des Quarzrohrs stark.

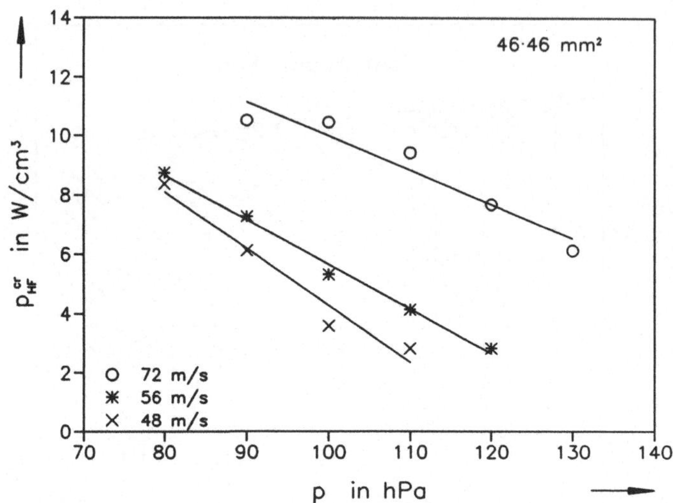

Abb. 6.15: Kritische Leistungsdichte p_{HF}^{cr} (Filamentierungsgrenze) als Funktion des Gasdrucks p. Parameter ist die Strömungsgeschwindigkeit v. Mittlere Dicke des Luftspalts: 7 mm.

Man erkennt die mit zunehmendem $d_{\vec{E}}$ einhergehende Abnahme des oberen Grenzdrucks p_{og} und des unteren Grenzdrucks p_{ug}.

Auffallend ist außerdem, daß der optimale Druck*bereich* (p_{og} bis p_{ug}) und die kritische Leistungsdichte p_{HF}^{cr} (bei gleichem Gasdruck) mit zunehmender Entladungslänge $d_{\vec{E}}$ ebenfalls deutlich abnehmen.

So brennt beispielsweise bei $v = 72$ m/s, $p = 150$ hPa und $p_{HF} = 10$ W/cm³ für $d_{\vec{E}} = 15$ mm die Entladung völlig homogen (hier ist $p < p_{og}$), während bei den gleichen Parametern und $d_{\vec{E}} = 46 \cdot$mm (hier ist $p > p_{og}$) keine filamentfreie Entladung möglich ist. Das unterschiedliche Entladungsverhalten der verschiedenen Rohre bei sonst gleichen Betriebsparametern zeigt sich auch in den unterschiedlichen Kleinsignalverstärkungsprofilen (s. Kapitel 8).

Dieses Ergebnis ist erstaunlich, weil in beiden Fällen die *mittlere* Leistungsdichte $p_{HF} = j\,E$, der Gasdruck p im Einströmkessel, die Einströmgeschwindigkeit v und damit wegen

$$\Delta T = \frac{p_{HF}\,\tau_v}{c_p\,\rho} \tag{6.5}$$

auch die Temperaturerhöhung ΔT längs der Entladung gleich sind.

Nach Gleichung 6.5 ist die Temperaturerhöhung ΔT also unabhängig vom Entladungsrohrquerschnitt A und damit $d_{\vec{E}}$. Wie erwartet, wurden bei konstanter Leistungsdichte p_{HF} und Massenstromdichte $\dot{m} = \rho\,v$ auch die gleiche Temperaturerhöhung ΔT in Rohren mit unterschiedlichem $d_{\vec{E}}$ gemessen. So ergab sich beispielsweise im ausströmenden Gas zweier Rohre mit Querschnittsflächen von $46 \cdot 46$ mm² (6,1 W/cm³, 2590 W) bzw.

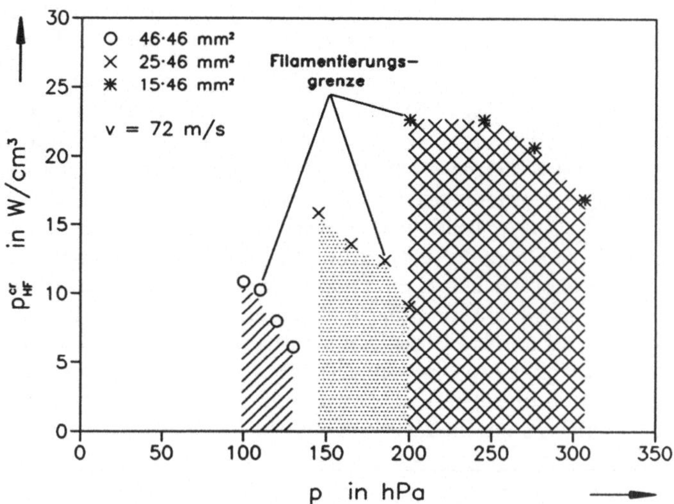

Abb. 6.16: Kritische Leistungsdichte p_{HF}^{cr} (Filamentierungsgrenze) als Funktion des Gasdruckes p für drei unterschiedliche Entladungsrohre. Die Entladungslänge $d_{\vec{E}}$ in Richtung des elektrischen Feldes $\vec{E}$ beträgt 46, 25 und 15 mm. Die zugehörigen optimalen Druckbereiche sind schraffiert dargestellt.

$15 \cdot 46$ mm² (6,5 W/cm³, 900 W) jeweils die *gleiche* Temperatur von $T = 114°C$ (Einströmtemperatur 23°C, $v = 72$ m/s). *Dennoch* waren nur im Fall der großen Querschnittsfläche Filamente sichtbar[9].

Dieses Ergebnis hat die wichtige Konzequenz, daß die umsetzbare elektrische Leistung und damit auch die Laserleistung *nicht* in einfacher Weise bei konstanter Massenstromdichte (d.h. konstante Ausströmtemperatur) mit dem Rohrquerschnitt skaliert. Vielmehr muß (bei konstantem Druck) die Strömungsgeschwindigkeit mit größer werdendem d_E deutlich erhöht werden, um die zunehmende Filamentierung zu verhindern (s. Abbildung 6.13).

Da bei hohen Drücken p in Rohren mit kleiner Entladungslänge d_E in Richtung des elektrischen Feldes die Gasentladung nicht für alle Betriebsbedingungen im gesamten Volumen brennt, ist in diesen Fällen die Bestimmung der tatsächlichen elektrischen Leistungsdichte p_{HF} und des oberen Grenzdrucks p_{og} erschwert. Die unteren Grenzdrücke p_{ug} lassen sich ebenfalls nur näherungsweise ermitteln, weil mit sinkendem Gasdruck p die Filamente immer diffuser, d.h. visuell weniger gut erkennbar werden, so daß p_{ug} keine sehr scharfe Grenze ist.

Für die Differenz Δp_{op} aus oberem Grenzdruck p_{og} und unterem Grenzdruck p_{ug} als Funktion der Entladungslänge d_E in Richtung des elektrischen Feldes erhält man aus Abbildung 6.16 *näherungsweise* die Beziehung:

$$\Delta p_{op} \sim \frac{1}{d_E} \,. \tag{6.6}$$

[9] Die Entladung mit der Querschnittsfläche von $15 \cdot 46$ mm² war bei $T = 275°C$ (25 W/cm³, 3540 W) noch immer filamentfrei.

Offenbar kommt bei der Filamentbildung dem Produkt $p \cdot d_E$ aus Gasdruck p und Länge d_E der Entladung in Richtung des elektrischen Feldes eine besondere Bedeutung zu.

Wie in Abbildung 6.11 gezeigt wurde, ist die Filamentierungsgrenze aber auch von der Dicke des Dielektrikums zwischen Elektrode und Gasentladung abhängig. In Abbildung 6.17 ist die Abhängigkeit der kritischen Leistungsdichte p_{HF}^{cr} von der Dicke d_{Di} des Dielektrikums für drei Entladungsrohre mit $d_E = 15$ mm, $d_E = 25$ mm und $d_E = 46$ mm gezeigt (die Strömungsgeschwindigkeit $v = 72$ m/s ist konstant). Mit d_{Di} ist dabei die *effektive* Dicke $d_{Di} = \sum_{i=1}^{n} d_i/\epsilon_r^i$ bezeichnet, welche die unterschiedlichen relativen Dielektrizitätskonstanten ϵ_r^i von Quarz ($\epsilon_r^Q \approx 4$) und Luft ($\epsilon_r^L \approx 1$) berücksichtigt. Aufgrund der Wanddicke der Quarzrohre von ca. 3 mm beträgt der Anteil der Quarzwände in Abbildung 6.17 $d_{Di}^Q = (6/4)$ mm$= 1,5$ mm. Der in Strömungsrichtung zunehmende Luftspalt der Masseelektrode ist als *mittlere* Dicke in d_{Di} enthalten. Die Gasdrücke wurden dabei so gewählt, daß das Produkt $d_E \cdot p$ konstant ist[10]. Die Kurven mit zunehmender Länge d_E in Feldrichtung, d.h. abnehmendem Gasdruck p, sind zu größeren Werten der effektiven Dicke d_{Di} des Dielektrikums verschoben.

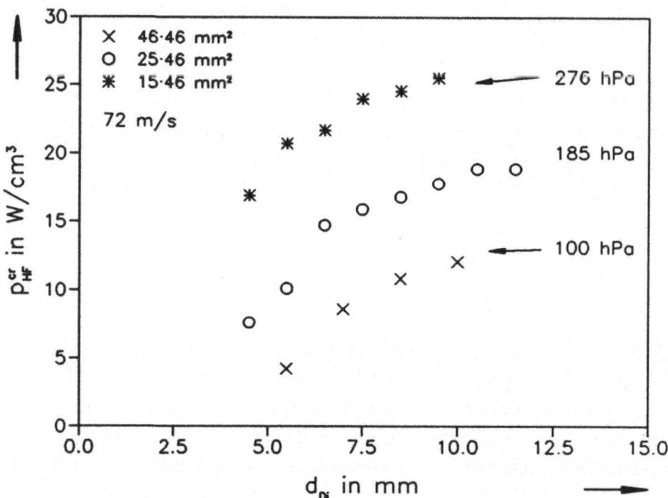

Abb. 6.17: Kritische HF–Leistungsdichte p_{HF}^{cr} (Filamentierungsgrenze) als Funktion der effektiven Dicke d_{Di} des Dielektrikums zwischen Elektroden und Entladungsrohr für drei unterschiedliche Entladungslängen d_E in Richtung des elektrischen Feldes. Der Druck p ist so gewählt, daß $p \cdot d_E = const.$

Betrachtet man für die drei Rohre in Abbildung 6.17 beispielsweise die erforderlichen *effektiven* Dicken d_{Di} der dielektrischen Schicht, um eine Leistungsdichte von $p_{HF} = 12$ W/cm^3 filamentfrei einkoppeln zu können, so findet man in der Reihenfolge zunehmender d_E die ungefähren Werte 3.75 mm, 5.75 mm und 10 mm. Damit nehmen die erforderlichen effektiven Dicken d_{Di} des Dielektrikums in erster Näherung mit dem gleichen Verhältnis zu wie die Entladungslänge d_E in Richtung des elektrischen Feldes $\vec{E}$.

[10]Damit ergeben sich für kleine Rohrdurchmesser entsprechend hohe Gasdrücke. Diese haben zwar keine unmittelbare Laserrelevanz, sind aber für die Untersuchung der Filamentierung notwendig, da für zu geringe Drücke keine Filamente entstehen (siehe auch Abbildung 6.16).

Trägt man die kritische Leistungsdichte p_{HF}^{cr} der drei unterschiedlichen Rohre als Funktion der *reduzierten* Dicke der dielektrischen Schicht auf — d.h. bezogen auf die jeweilige Länge d_E — liegen die Werte näherungsweise auf einer Kurve (Abbildung 6.18).

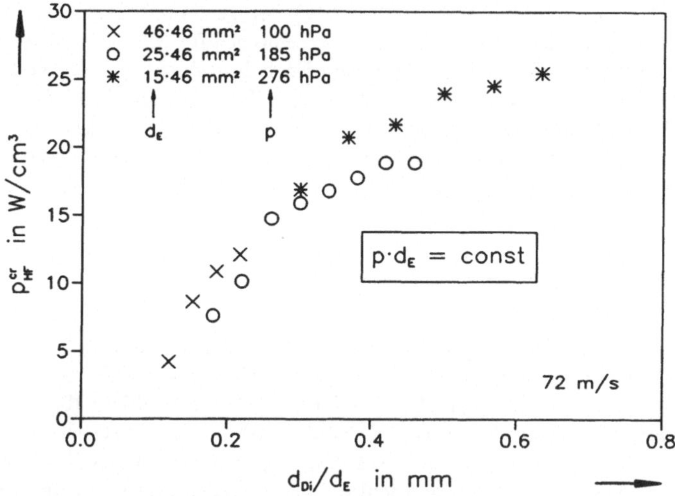

Abb. 6.18: Daten aus Abbildung 6.17, aber in *reduzierter* Darstellung. Für $p \cdot d_E = const$ und $d_{Di}/d_E = const$ ist in Rohren mit unterschiedlichem d_E auch $p_{HF}^{cr} \approx const$.

Die Abweichungen für große d_{Di}/d_E können durch den zunehmenden Einfluß der Randfelder der Elektroden erklärt werden. Bei kleinen[11] d_{Di}/d_E ergeben sich Fehler durch Ungenauigkeiten in der Einstellung der Dicke der Luftspalte und weil sich die Toleranzen der Wanddicke des Quarzrohrs (Herstellerangaben: 3 mm $\pm 0,2$ mm) prozentual stärker auswirken.

Damit wurden an der *Filamentierungsgrenze* p_{HF}^{cr} folgende Beziehungen gefunden:

$$p \cdot d_E = const \quad \textbf{und} \tag{6.7}$$

$$d_{Di}/d_E = const\,. \tag{6.8}$$

Um die Gültigkeit dieser Skalierung für einen weiten Parameter- bzw. HF-Leistungsdichtebereich zu untersuchen, sind visuelle Methoden weniger gut geeignet, da sich das Fluoreszenzleuchten unterhalb der Filamentierungsgrenze nicht sehr "scharf" definieren läßt (z.B. "homogen", "wandbetont", "mittenbetont"). Deshalb werden im folgenden Abschnitt aus Impedanzmessungen *invariante* elektrophysikalische Größen abgeleitet, welche die *Ähnlichkeit* des Entladungsverhaltens eindeutig charakterisieren.

[11] Liegen beide Elektroden auf dem Rohr direkt auf, ergibt sich beispielsweise für $d_E = 15$ mm der Wert $d_{Di}/d_E = 0,1$.

6.7 Skalierung der Gasentladung mittels Impedanzmessungen

Nach dem in Kapitel 4 beschriebenen Verfahren der gekoppelten Leitungen und unter Einhaltung der oben formulierten Skalierungsbeziehungen für die Filamentierungsgrenzen wurde der Ohmsche Anteil R_{Pl} der komplexen Entladungsimpedanz $\underline{Z}_G$ gemessen. Daraus lassen sich für die Entladung charakteristische elektrophysikalische Größen ableiten (s. Kapitel 5). Sind diese in Rohren mit unterschiedlichen Querschnitten konstant — sie werden dann als *Invarianten* bezeichnet —, so sind auch die Entladungsbedingungen konstant.

6.8 Ergebnisse der Messungen

In Abbildung 6.19 und Abbildung 6.20 ist die reduzierte Feldstärke E/n bzw. der Quotient n_e/d_E aus Elektronendichte n_e und Länge d_E aufgetragen, jeweils als Funktion der eingekoppelten HF–Leistungsdichte p_{HF}. Dies ist für zwei unterschiedliche Rohre ($25 \cdot 46$ mm^2 und $46 \cdot 46$ mm^2, d.h. $d_E = 25$ mm und $d_E = 46$ mm) durchgeführt. Die Gasdrücke und die Dicken der dielektrischen Schichten wurden so gewählt, daß das Produkt $p \cdot d_E$ aus Gasdruck p und Länge d_E und der Quotient d_{Di}/d_E aus effektiver Dicke der dielektrischen Schicht d_{Di} und Länge d_E konstant sind.

Aus den genannten Abbildungen entnimmt man, daß unter folgenden Voraussetzungen

1. $v = const$,
2. $d_{Di}/d_E = const$ und
3. $p \cdot d_E = const$

für die *beiden* Rohre gilt:

$$\frac{E}{n}(p_{HF}) \approx const \tag{6.9}$$

$$\frac{n_e}{d_E}(p_{HF} = const) \approx const\,. \tag{6.10}$$

Für die untersuchten p_{HF}–Werte und insbesondere auch für $p_{HF} = p_{HF}^{cr}$ stellen sich also für verschiedene d_E in erster Näherung die gleichen Werte für E/n und n_e/d_E ein , d.h. diese reduzierten Größen sind die gesuchten Invarianten für elektrophysikalisch ähnliche Entladungsbedingungen. In [107] wird in HF–angeregten Wellenleiterlasern ebenfalls ein mit abnehmendem Durchmesser der Entladungskapillare zunehmender Gasdruck für elektrophysikalisch ähnliche Entladungen angegeben.

Für die Praxis wichtig (weil zugänglich) sind die externen Größen wie Gasdruck, Strömungsgeschwindigkeit etc. Die aus ihnen formulierten *Skalierungsbeziehungen* für ähnliche Gasentladungen (Voraussetzungen 1–3) ermöglichen es, die gleichen Werte für die Invarianten E/n bzw. n_e/d_E und damit die gleichen Entladungsbedingungen, d.h.

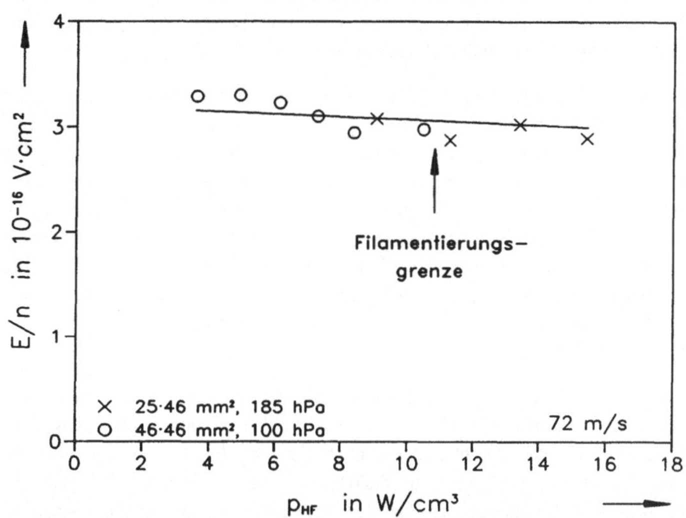

Abb. 6.19: Reduzierte Feldstärke E/n als Funktion der eingekoppelten HF-Leistungsdichte p_{HF} für zwei unterschiedliche Rohre. Die Strömungsgeschwindigkeit und das Produkt aus Gasdruck p und Länge d_E sind konstant.

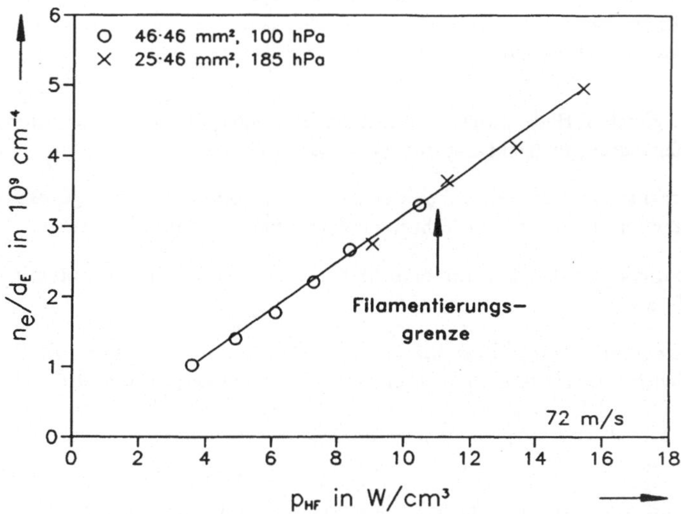

Abb. 6.20: Reduzierte Elektronendichte n_e/d_E als Funktion der eingekoppelten HF-Leistungsdichte p_{HF} für zwei unterschiedliche Rohre. Die Strömungsgeschwindigkeit und das Produkt aus Gasdruck p und Länge d_E sind konstant.

insbesondere die Filamentierungsgrenze einzustellen. Damit ist auch verständlich, daß für unterschiedliche d_E *nur* unter den obigen Voraussetzungen die Filamentierung bei der gleichen eingekoppelten HF–Leistungsdichte beginnt.

In Abbildung 6.21 und Abbildung 6.22 ist dies durch eine etwas andere, zu den Abbildungen 6.19 und 6.20 äquivalenten Darstellung verdeutlicht. Hier sind die reduzierte Feldstärke E/n und die reduzierte Elektronendichte n_e/d_E aufgetragen, als Funktion des Produkts aus Gasdruck p und Länge d_E. Die eingekoppelte HF–Leistungsdichte und die Strömungsgeschwindigkeit sind für die drei unterschiedlichen Entladungsrohre (d_E = 15 mm, 25 mm und 46 mm) konstant. Man sieht, daß unter diesen Voraussetzungen die Werte für E/n und n_e/d_E für alle drei Rohre als Funktion von $p \cdot d_E$ näherungsweise identisch sind. Beispielsweise ergeben sich für $p \cdot d_E = 460$ Pa·m sowohl für $d_E = 46$ mm (entspricht 100 hPa) als auch für $d_E = 25$ mm (entspricht 185 hPa) jeweils die Werte $E/n \approx 3 \cdot 10^{16}$ V·cm^2 und $n_e/d_E \approx 2{,}8 \cdot 10^9$ cm−4.

Damit ergibt sich sowohl aus E/n und n_e/d_E als Funktionen von p_{HF} ($p \cdot d_E = const$, $d_E/d_{Di} = const$ und $v = const$, Abbildungen 6.19 und 6.20) als auch aus der äquivalenten Darstellung E/n und n_e/d_E als Funktionen von $p \cdot d_E$ ($p_{HF} = const$, $d_E/d_{Di} = const$ und $v = const$, Abbildungen 6.19 und 6.20) das übereinstimmende Ergebnis, daß bei Beachtung der aus den Untersuchungen der Filamentierungsgrenze gefundenen Skalierungsbeziehungen die Werte für E/n und n_e/d_E konstant sind für unterschiedliche d_E.

6.9 Überblick der wichtigsten Ergebnisse

Aus den experimentellen Untersuchungen zur Homogenität schnell längsgeströmter, HF–Entladungen in Rohren mit rechteckförmigen Querschnitten und planen dielektrischen Elektroden ergaben sich folgende Ergebnisse:

1. Bei sonst gleichen Bedingungen nimmt die Homogenität ab mit zunehmender Länge d_E der Entladung in Richtung des elektrischen Feldes.

2. Die Filamentierungsgrenze verschiebt sich mit steigender Strömungsgeschwindigkeit und sinkendem Gasdruck zu höheren elektrischen Leistungsdichten.

3. Der maximale Gasdruck p für eine filamentfreie Entladung nimmt mit steigender Länge d_E ab.

4. Zur Aufrechterhaltung einer filamentfreien Entladung mit der elektrischen Leistungsdichte p_{HF} müssen in Rohren mit zunehmendem d_E die effektive Dicke der dielektrischen Schicht vergrößert und der Gasdruck im gleichen Verhältnis verkleinert werden, d.h. es gelten näherungsweise die Beziehungen: $p \cdot d_E = \text{const}$ und $d_E/d_{Di} = \text{const}$.

5. Ursache für die in Punkt 4 formulierten Skalierungsbeziehungen für elektrophysikalisch *ähnliche* Entladungen sind die *Invarianten* E/n und n_e/d_E.

Mit diesen Ergebnissen lassen sich die Grenzen für die elektrische Energieeinkopplung längsgeströmter Laser in weiten Parameterbereichen abschätzen.

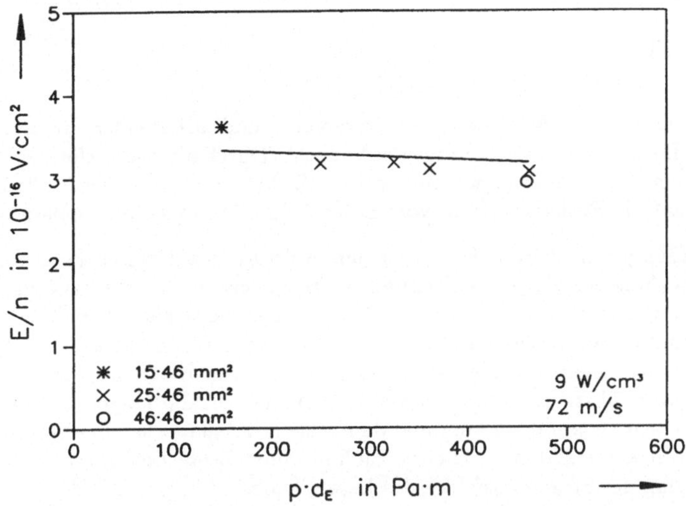

Abb. 6.21: Reduzierte Feldstärke E/n als Funktion des Produkts aus Gasdruck p und Länge d_E. Die HF–Leistungsdichte und die Strömungsgeschwindigkeit sind konstant.

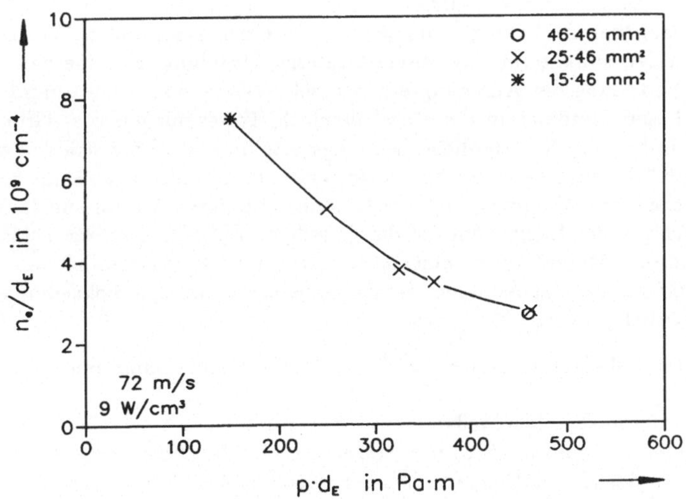

Abb. 6.22: Reduzierte Elektronendichte n_e/d_E als Funktion des Produkts aus Gasdruck p und Länge d_E. Die HF–Leistungsdichte und die Strömungsgeschwindigkeit sind konstant.

7 Interferometrische Untersuchungen

In Kapitel 6 wurden elektrophysikalische Phänomene und insbesondere die Einflußgrößen und Grenzen für homogene Entladungen untersucht. Durch die quarterförmige Geometrie der Entladung mit den daran angepaßten planen Elektroden konnte der Einfluß des Rohrquerschnitts auf die Entladungsform vom Einfluß der Elektrodenform separiert werden.

Die Untersuchungen in diesem Kapitel sollen Antworten auf einige Fragen geben, die bei der Entwicklung von CO_2–Hochleistungslasern insbesondere mit kreisförmigem Entladungsrohrquerschnitt auftreten. So hat es sich beispielsweise gezeigt, daß die Auslegung des Laserresonators ohne Berücksichtigung der optischen Eigenschaften des laseraktiven Mediums (d.h. der Gasentladung) zu unerwartet geringen Laserleistungen und schlechter Strahlqualität führt. Eng damit verknüpft ist die zentrale Frage, wie die räumliche Verteilung der Leistungseinkopplung und damit die laserkinetischen Eigenschaften homogenisiert werden können, bzw. welchen Einfluß inhomogene Entladungsformen auf die Phasenbeziehung des Strahlungsfeldes des Lasers haben.

Ziel der im folgenden beschriebenen Messungen war es deshalb, bei laserrelevanten HF-Leistungseinkopplungen in die Gasentladung die Auswirkungen einiger Maßnahmen zur Homogenisierung in Hinblick auf eine minimale optische Deformation der Wellenfront zu untersuchen. Eine Ursache der inhomogenen Verteilung der Leistungseinkopplung ist, daß das elektrische Feld der transversalen HF–Anregung nicht an die Rotationssymmetrie der in realen Lasern eingesetzten kreisförmigen Entladungsrohrquerschnitte angepaßt ist. Dem versucht man zu begegnen, indem man die Positionierung des HF–Elektrodenpaars auf dem Umfang der Entladungsrohre jeweils um einen bestimmten Winkel verdreht, so daß sich in der Summe für das resonatorinterne Strahlungsfeld eine näherungsweise kreisförmige Verteilung der Anregung ergeben soll. Bei höchsten Leistungsdichten sind beim realen Laser allerdings in der Regel dennoch Abweichungen vom Grundmode zu beobachten. Dabei hat die räumliche Leistungsverteilung des Laserstrahls zwar im wesentlichen eine "Grundmode–ähnliche" Form, weist darüberhinaus aber im Randbereich noch zusätzliche lokale Maxima geringerer Leistung auf, deren Anzahl und azimutale Anordnung derjenigen der Elektroden auf den jeweiligen Entladungsrohren entspricht. Die Abbildung dieses " Modes" durch eine Linse unterscheidet sich deutlich von jener eines "reinen" Grundmodes. Insbesondere ist der erzielbare minimale Fokusdurchmesser im ersten Fall deutlich größer.

Zwei alternative Maßnahmen, welche die Entladung homogenisieren sollen und der kreisförmigen Symmmetrie des Entladungsrohrquerschnitts Rechnung tragen, wurden mit Hilfe eines interferometrischen Meßverfahrens näher untersucht: der Einsatz helixförmiger Elektroden [108, 109] und die Strömungsformung [17, 110]. Besondere Aufmerksamkeit wurde außerdem der Korrelation zwischen der visuell beobachtbaren Verteilung des Fluoreszenzleuchtens, dem Kleinsignalverstärkungsprofil und der optischen Deformation der Wellenfront gewidmet.

Diese Untersuchungen sind vor allem wichtig für den Einsatz instabiler Resonatoren, die bei Laserleistungen ab 10 kW vorwiegend benutzt werden. Optimale Strahlqualität erhält man bei wechselnder Leistungsdichte nur, wenn die Phasendeformation des durchgehenden

CO_2–Laserlichts äußerst klein bleibt. Wegen der Vielzahl von Entladungsstrecken in einem realen längsgeströmten Laser sollten diese Phasenstörungen pro Strecke kleiner als 1/100 der Wellenlänge ($\lambda = 10,6\,\mu$m) sein.

Nach einer kurzen Vorbetrachtung werden die Versuchsparameter, Untersuchungsbedingungen und die Ergebnisse näher erläutert und diskutiert.

7.1 Vorbetrachtungen zur optischen Deformation

Lokal helleres Fluoreszenzleuchten bedeutet verstärkte elektronische Anregung der Gasmoleküle infolge erhöhter Elektronendichten n_e. Damit verbunden ist eine lokale Erhöhung der Gastemperatur durch verstärkte Ohmsche Heizung und Relaxationsprozesse. Dies hat wiederum eine lokale Abnahme der Teilchendichte n zur Folge. Die daraus resultierende Verteilung der Teilchendichte $n(x,y,z)$ führt zu einer entsprechenden Verteilung der Brechzahl $b(x,y,z)$ und schließlich zu einer optischen Weglänge $OWL(x,y)$, die ortsabhängig in der Ebene senkrecht zur Strömungsrichtung z ist gemäß:

$$OWL(x,y,\mathcal{L}) = \int_0^{\mathcal{L}} b(x,y,z)\,dz\,. \tag{7.1}$$

Hier bezeichnet $\mathcal{L}$ die Länge des gesamte Gasentladungsrohres einschließlich dem Bereich des abströmenden heißen Gases, da auch dort Dichtegradienten $\nabla\rho$ des Gases eine Störung der Wellenfront bewirken.

Die Brechzahl $b(x,y,z)$ in der Gasentladung kann aus der *Clausius–Mosotti* Beziehung [111, 112] für Gase hergeleitet werden, unter Berücksichtigung eines zusätzlichen Terms, der den Anteil der freien Elektronen der Dichte n_e berücksichtigt und man erhält [112, 113]:

$$b(x,y,z) = 1 - n_e(x,y,z)\,\frac{k}{\omega^2} + n(x,y,z)\,k \cdot \sum_i \frac{f_i}{\omega_{0i}^2 - \omega^2} \tag{7.2}$$

mit

$$k = \frac{e^2}{\epsilon_0\, m_e}\,. \tag{7.3}$$

Dabei bedeutet n die Teilchendichte, ω die Kreisfrequenz der durch das Medium durchtretenden Wellenfront, ω_{0i} die i–te Resonanzfrequenz mit der quantenmechanischen Übergangswahrscheinlichkeit f_i des Gases, e die Elementarladung, ϵ_0 die Dielektrizitätskonstante und m_e die Elektronenmasse. Der Summationsterm in Gleichung 7.2 resultiert aus den gebundenen Elektronen der Gasmoleküle, welche die charakteristischen Resonanzfrequenzen bei $\omega = \omega_{0i}$ bewirken.

Ersetzt man in der Dispersionsrelation in Gleichung 7.2 die Teilchendichte durch die Gasdichte $\rho = n \cdot M$, wobei M die Masse eines Gasteilchens bezeichnet, so erhält man die *Gladstone–Dale Beziehung* [111, 114]

$$b - 1 = \rho \cdot G(\omega) + n_e \cdot G_e(\omega) \ , \tag{7.4}$$

mit der *Gladstone–Dale Konstanten* für das Gas

$$G(\omega) = \frac{e^2}{\epsilon_0 \, m_e \, M} \cdot \sum_i \frac{f_i}{\omega_{0i}^2 - \omega^2} \tag{7.5}$$

und der Gladstone–Dale Konstanten für die freien Elektronen

$$G_e(\omega) = -\frac{e^2}{\epsilon_0 \, m_e \, \omega^2 M} \, . \tag{7.6}$$

Für die interferometrischen Messungen wurde ein HeNe–Laser ($\lambda = 632,8$ nm) eingesetzt. Für diese Wellenlänge können die Anteile der freien Elektronen und des Lasergasgemisches am Brechungsindex wie folgt aus Gleichung 7.2 abgeschätzt werden. Betrachtet man im Summationsterm zunächst nur die langwelligen Resonanzfrequenzen (für CO_2-Moleküle beispielsweise im Infrarotbereich), so kann in diesem Fall wegen $\omega_{HeNe}^2 \gg \omega_{0i}^2$ für die Nenner $\omega_{0i}^2 - \omega_{HeNe}^2 \approx -\omega_{HeNe}^2$ geschrieben werden. Dann werden die beiden Anteile im wesentlichen durch die entsprechenden Teilchendichten bestimmt. Berücksichtigt man noch, daß in HF–Niederstrom–Entladungen die Elektronendichte n_e sehr viel kleiner als die Gasteilchendichte n ist ($n_e/n \approx 10^{-8}$), so wird die Verteilung der Brechzahl $b(x, y, z)$ im wesentlichen durch die Verteilung der Gasteilchendichte $n(x, y, z)$ bestimmt [115].

7.2 Versuchsparameter

Die Messungen erfolgten an einem Quarzrohr mit runder Querschnittsfläche und einem Innendurchmesser von $d = 46$ mm. Die Länge der verwendeten Elektroden und damit die nominelle Entladungslänge beträgt $L_E = 20$ cm. Untersucht wurden sowohl lineare Elektroden unterschiedlicher Breite B und Krümmungsradien K, als auch helixförmige Elektroden unterschiedlicher Drehwinkel W, Steigungen S und Breiten B, siehe Abbildung 7.1. Die Steigung S der helixförmigen Elektrode wird definiert als:

$$S = \frac{L_E \cdot 360°}{W} \tag{7.7}$$

mit S = Steighöhe nach 360° und W =Drehwinkel innerhalb L_E (in Grad). Demnach wäre beispielsweise bei einem Drehwinkel $W = 90°$ eine volle Umdrehung erst nach der vierfachen Länge L_E der Elektrode erreicht. Durch die wendelförmige Ausführung der Elektrodenfläche ändert sich in Strömungsrichtung die Orientierung des elektrischen Feldes in den Ebenen senkrecht dazu. Dadurch soll die am Anfang dieses Kapitels angesprochene

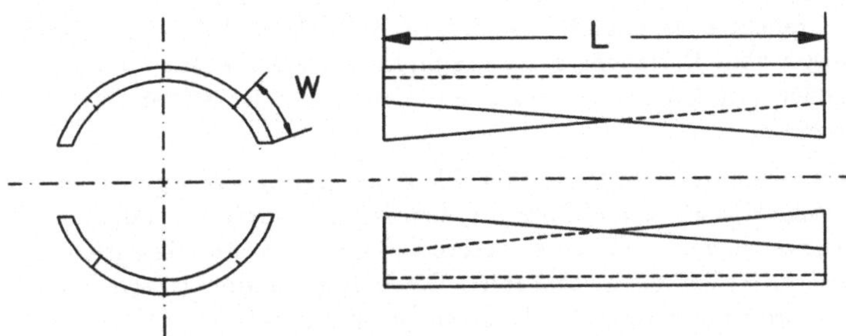

Abb. 7.1: Geometrie der helixförmigen Elektroden.

kreissymmetrische Homogenisierung der Anregung längs der Elektrode erfolgen, um die Phasenbeziehung der Wellenfront eines Strahlungsfeldes möglichst wenig zu beeinflussen.

Aus den gleichen Gründen wurde auch eine Drallströmung untersucht. Durch spezielle Einsätze in den Gaszuführungen konnte der axialen Strömung eine azimutale Geschwindigkeitskomponente überlagert werden. Dadurch findet über den azimutalen Teilchenaustausch eine Homogenisierung der Dichtegradienten statt. Um den Betrag der azimutalen Komponente verändern zu können, war im Gaseinlaß ein rohrförmiger Einsatz mit Bohrungen so installiert, daß das Gas nur durch diese Bohrungen hindurch in das Entladungsrohr einströmen konnte. Die Bohrungen waren über den Umfang des Rohres gleichmäßig verteilt und für die eine Hälfte so ausgeführt, daß sich nur eine Geschwindigkeitskomponente in Richtung der Rohrachse (bzw. senkrecht dazu) ergibt, für die andere Hälfte hingegen zusätzlich eine azimutale (Drall-)Komponente entsteht. Durch eine verschiebbare Manschette konnte nun wahlweise eine Hälfte ganz verdeckt werden (entspricht dann " 0%" Drall bzw. "100%" Drall) oder der x%-ige Anteil der einen Sorte Bohrungen geöffnet und der gleiche Anteil der anderen Sorte geschlossen werden (entspricht x% bzw. $(1-x)$% Drall, je nach Position der Manschette).

Variiert wurden ferner die Strömungsgeschwindigkeit (Gasdurchsatz), der Gasdruck (des einströmenden Gases) und die eingekoppelte HF-Leistung.

Wie in Kapitel 6 beschrieben, beeinflußt der Luftspalt zwischen Elektrodeninnenflächen und Quarzrohraußenwand die räumliche Homogenität und die Stabilität der Entladung. Deshalb kann die Einbaulage des jeweiligen Elektrodentyps so optimiert werden, daß sich eine möglichst gleichverteilte Leuchtdichte der Fluoreszenz in Strömungsrichtung und senkrecht dazu ergibt. Wird hingegen ein Dielektrikum mit größerer Dielektrizitätszahl als der von Luft zwischen Elektrode und Entladungsrohr eingebracht, brennt die Entladung wie mit einem entsprechend dünneren Luftspalt, da nach Gleichung 2.14 die Größe d_{Di}/ε_r für den Spannungsabfall an der dielektrischen Schicht der Dicke d_{Di} maßgebend ist.

7.3 Meßaufbau und Meßprinzip

Der Meßaufbau besteht aus einem Twyman-Green-Interferometer [116] und einer CCD-Kamera mit rechnergestützter Bildverarbeitung (Abbildung 7.2). Im Meßarm des Interferometers befindet sich die Gasentladungsstrecke. Ihr optischer Einfluß auf eine ebene Wellenfront wird mit Hilfe eines kommerziellen Streifenauswerteprogramms ermittelt [117].

Die durch die Gasentladung deformierte Wellenfront des Meßstrahls interferiert mit der am Referenzspiegel reflektierten ungestörten ebenen Wellenfront des Referenzstrahls. Wird das Interferometer ohne Entladung auf die Nullphase justiert, können mit Entladung die dann entstehenden Interferenzlinien direkt als Höhenlinien der deformierten Wellenfront interpretiert werden.

Das Streifenauswerteprogramm kann ohne Phasenschiebung keine geschlossenen Linien (z.B. konzentrische Kreise), sondern nur Streifenmuster auswerten. Deshalb wird für eine quantitative Auswertung der Referenzspiegel so verkippt, daß ohne Gasentladung eine Anzahl paralleler Interferenzstreifen sichtbar ist. Da die Deformation in Einheiten von $\lambda/2$ (= Anzahl Streifen) ermittelt wird, sollte die Streifendichte so gewählt werden, daß die durch die Gasentladung verursachte Verbiegung der Streifen in einem sinnvollen Verhältnis zur Bildgröße des Interferogramms steht. Andernfalls versagt das Auswerteprogramm. Aus diesem Grund konnte auch der äußere wandnahe Bereich (von der Innenwand ca. $1,5$ mm in radialer Richtung) für die Auswertung nicht berücksichtigt werden. Die innerhalb dieses kleinen Bereiches auftretenden Phasenstörungen durch die der elektrophysikalische Randschicht unmittelbar folgenden Zone erhöhter elektronischer Anregung und Ionisation [56] verursachen einen Bearbeitungsfehler im verwendeten Auswerteprogramm.

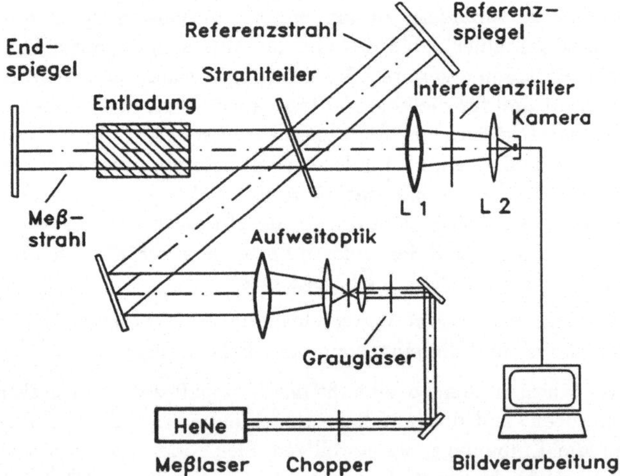

Abb. 7.2: Schematischer Meßaufbau (Interferometer: Twyman-Green)

7.4 Meßergebnisse

Die HF-Entladung in Rohren mit kreisförmigem Querschnitt unterliegt prinzipiell den gleichen elektrophysikalischen Gesetzmäßigkeiten, die in Kapitel 6 am Beispiel des rechteckförmigen Entladungsquerschnitts gefunden wurden. Hinzu kommt nun aber noch der starke Einfluß verschiedener Elektrodenformen, der abhängig von den Betriebsparametern (Gasdruck, Strömungsgeschwindigkeit, eingekoppelte HF-Leistung) sehr unterschiedliche Verteilungen der Leistungsdichte verursacht. Die sich daraus ergebenden räumlichen

Leuchtdichteverteilungen der Fluoreszenz in Achsrichtung des Entladungsrohres und senkrecht dazu ermöglichen es, Rückschlüsse auf die optische Deformation einer ebenen Wellenfront durch die Gasentladung zu ziehen, wie sich im Rahmen dieser Arbeit gezeigt hat [100]. Dies wird nachfolgend anhand einiger Beipiele gezeigt.

7.4.1 Helixförmige Elektroden

Durch die helixförmigen Elektroden resultiert im Entladungsraum eine räumlich sehr komplexe elektrische Feldverteilung. Zusammen mit den von den Betriebsparametern abhängigen Gasdichteverteilungen ergeben sich entsprechende reduzierte Feldstärkeverteilungen $\vec{E}(x,y,z)/n(x,y,z)$, so daß schließlich ebenfalls räumlich sehr komplexe Entladungsformen entstehen. Im einzelnen wurde zunächst durch visuelle Beobachtung folgendes festgestellt:

- Schon geringste Änderungen des Luftspaltes zwischen Elektrode und Rohr (beispielsweise durch nicht ausreichend genaue Justierung nach Elektroden- und/oder Rohrwechsel) können die dreidimensionale Leuchtdichteverteilung drastisch ändern.
- Das prinzipielle Verhalten bezüglich Filamentierung beim Überschreiten eines kritischen Grenzdrucks bzw. beim Unterschreiten einer kritischen Grenzgeschwindigkeit entspricht dem, welches in Kapitel 6 erläutert wurde.
- Wird das einströmende Gas mit zunehmendem Drall versetzt, bildet sich eine auf die Achsmitte konzentrierte Verschleppung der Entladung stromab aus (Abbildung 7.4).
- Mit steigendem Gasdruck nimmt die Verschleppung zusehens ab und die anfänglich diffuse, aber mittenbetonte Entladung geht in Achsrichtung betrachtet in eine "strudelförmige" Entladungsform über (Abbildung 7.5). Dieses "strudelförmige" Entladungsleuchten ist in Strömungsrichtung betrachtet in Richtung des Dralls der Strömung orientiert. Dabei wurde eine helixförmige Elektrode verwendet, die im Gegensinn orientiert war, d.h. in diesem Fall wird das Entladungsverhalten durch die Strömung dominiert.

Sowohl die Entladungsfilamente als auch die "strudelförmige" Entladung sind nur in Achsrichtung der Entladungsröhre betrachtet (*end-on*) zu erkennen. Ist die Entladung hingegen zentrisch betont, so ist dies von der Seite betrachtet durch eine entsprechende Verschleppung besonders gut zu beobachten, siehe Abbildung 7.3.

Die fotografische Aufnahme (end-on) in Abbildung 7.4 läßt die erhöhte Leuchtdichte im Achsbereich erkennen. Allerdings ist hier im Randbereich die Leuchtdichteverteilung durch Reflexionen an der Rohrinnenwand, insbesondere von den hellen Leuchtzonen in unmittelbarer Nähe der elektrophysikalischen Grenzschichten, verfälscht. Die ausgewerteten Interferogramme geben die Verhältnisse besonders deutlich wieder. Abbildung 7.4 zeigt die Ergebnisse für einen hohen Drallanteil und 100 hPa Gasdruck. Hier eilt der zentrale Teil der Wellenfront den Randbereichen voraus. In der Wirkung entspricht diese Wellenfrontdeformation einer konkaven, d.h. zerstreuenden Linse. Ursache ist eine verminderte Teilchendichte in Achsnähe des Entladungsrohres auf Grund eines radialen Temperaturgradienten. Eine mögliche Erklärung wäre, daß durch die in Abschnitt 7.2 erläuterte

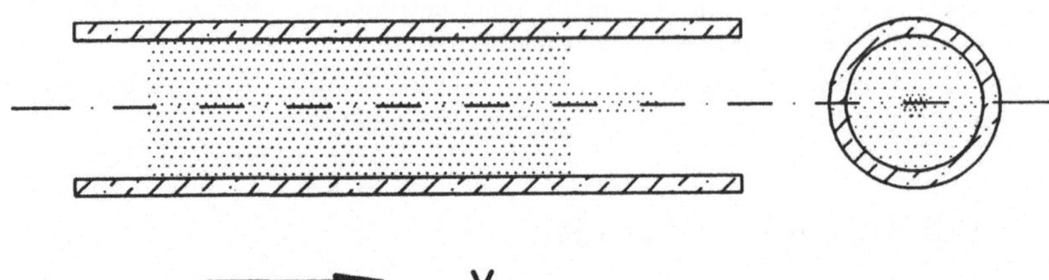

Abb. 7.3: Schematische Darstellung der Leuchtdichteverteilung der mittenbetonten Entladung mit Drallströmung. Der Übersichtlichkeit wegen sind die helixförmigen Elektroden nicht eingezeichnet.

Strömungsformung eine Überlagerung der axialen Strömung und der Drallströmung in der Weise erfolgt, daß die azimutale Geschwindigkeitskomponente in Richtung Rohrachse zu- und die axiale Komponente abnimmt. Durch die so verlängerte Aufenthaltsdauer der Gasteilchen in Achsnähe nimmt dort die Temperatur stärker zu, als in den wandnahen Bereichen.

In Abbildung 7.5 ist das Ergebnis der Entladung für 130 hPa und sonst gleiche Bedingungen wie oben zu sehen. Hier ist die Leuchtdichte in Richtung Rohrwandnähe deutlich betont. Dies bewirkt, daß die Wellenfront am heißen Randbereich mit geringer Teilchendichte dem zentralen, achsnahen und kälteren Bereich der Entladung voreilt. Dadurch entsteht die mittig konkave Deformation der Wellenfront, was in der Wirkung einer fokussierenden Linse entspricht. Eine mögliche Erklärung für dieses im Vergleich zu Abbildung 7.4 geänderte Verhalten wäre, daß durch die erhöhte Gasdichte höhere Zentrifugalkräfte pro Volumenelement wirken. Dadurch wird die Drallströmung von der Achse weggedrängt, wo nun die axiale Strömungskomponente dominiert. Jetzt ist die Aufenthaltsdauer der Teilchen im wandnahen Bereich länger, als im achsnahen Bereich der Entladung, so daß sich die Temperaturverteilung im Vergleich zu den Verhältnissen in Abbildung 7.4 umgekehrt hat.

Diese beiden Beispiele zeigen, daß die untersuchte Elektrodenkonfiguration für den Lasereinsatz wenig geeignet ist, da die "Linsenwirkung" bei verschiedenen Gasdrücken völlig unterschiedlich ist, und somit — selbst bei einer rein rotationssymmetrischen Deformation — eine optische Kompensation durch entsprechende Laserspiegel bei wechselnden Betriebsdrücken (wie sie beispielsweise kurzzeitig auch bei Leistungsänderungen auftreten, verursacht durch den geänderten Strömungswiderstand der Entladung) nicht möglich ist. Bei ausgeprägt unsymmetrischen Deformationen, wie sie beispielsweise bei linearen Elektroden auftreten können — dies wird u.a. im folgenden Abschnitt gezeigt — ist eine Kompensation auch bei konstanten Betriebsbedingungen nicht möglich, so daß in diesem Fall ein stark asymmetrischer Mode mit schlechter Fokussierbarkeit resultiert.

7.4.2 Lineare Elektroden

Der Einfluß von Gasdruck und Strömungsgeschwindigkeit ist bei den linearen Elektroden vergleichbar zu dem, der bei den helixförmigen Elektroden gefunden wurde. Die Geometrie der Elektroden wirkt sich wie folgt aus (vgl. Kapitel 8, Abbildung 8.2):

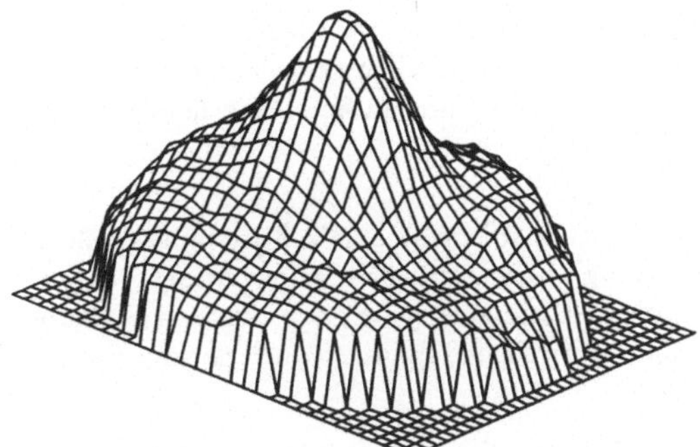
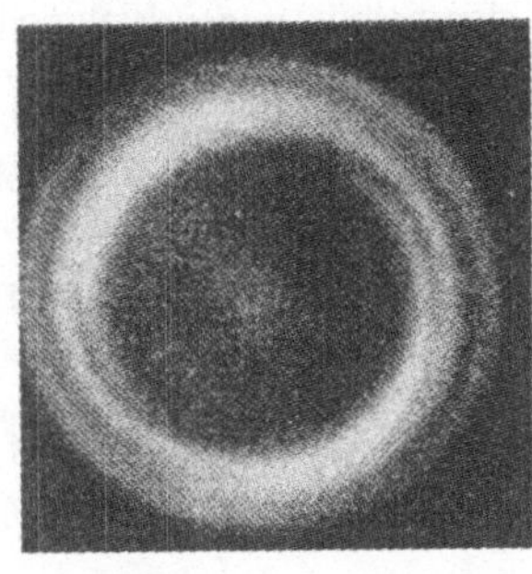

Abb. 7.4: Links: normierte Darstellung der Wellenfront (maximale Phasendifferenz: 0.84 μm). Helixförmige Elektrode und Drallströmung (v = 48 m/s, p = 100 hPa, P_{HF} = 3080 W). Rechts: *end-on* betrachtet ist die Leuchtdichteverteilung in Achsnähe deutlich erhöht. Bei den hohen Leuchtdichten im äußeren Bereich handelt es sich zum Teil um Reflexionen an der Rohrinnenwand.

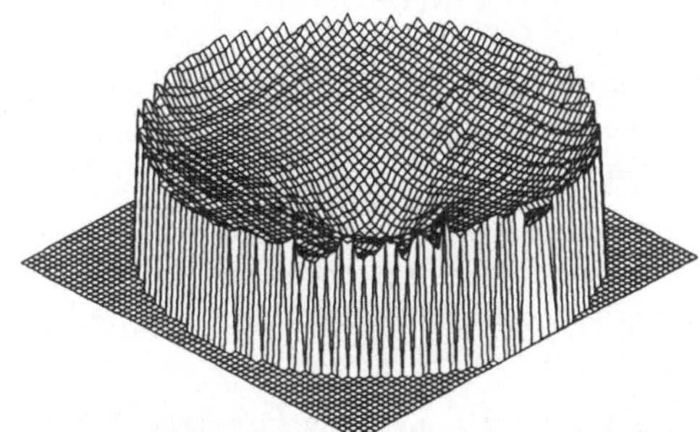
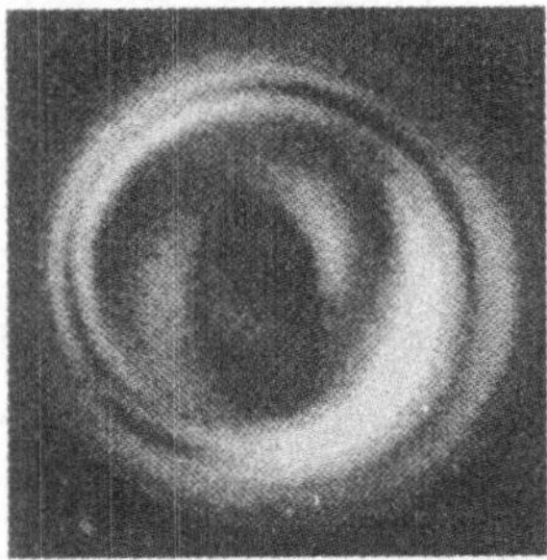

Abb. 7.5: Links: normierte Darstellung der Wellenfront (maximale Phasendifferenz: 0.524 μm). Helixförmige Elektrode und Drallströmung (v = 48 m/s, p = 130 hPa, P_{HF} = 3080 W). Rechts: *end-on* betrachtet sieht die Leuchtdichteverteilung "strudelförmig" aus. Bei den hohen Leuchtdichten im äußeren Bereich handelt es sich zum Teil um Reflexionen an der Rohrinnenwand.

- Wird die Krümmung der Elektroden dem Entladungsrohr halbschalenförmig angepaßt, dominiert die Leuchtdichte der Fluoreszenz im Wandbereich und nimmt in Richtung der Rohrachse ab. Die erhöhte Leuchtdichte ist dabei von Elektrode zu Elektrode orientiert.

- Ist die Krümmung der Elektroden kleiner als die des Entladungsrohrs, konzentriert sich das Fluoreszenzleuchten zunehmend in der Mitte bandartig von Elektrode zu Elektrode.

- Werden die Elektroden abgehoben, so daß zwischen Entladungsrohraußenwand und Elektrode ein Luftspalt entsteht, ergibt sich eine zunehmend räumlich homogene Entladung.

- Prägt man dem einströmenden Gas einen Drall auf, bilden sich ähnlich wie bei den helixförmigen Elektroden die Filamente erst bei höheren Leistungsdichten aus. Allerdings nimmt die optische Deformation wieder deutlich zu, sobald die Stärke des Dralls eine zunehmende Verschleppung der Entladung in der Nähe der Rohrachse bewirkt, ähnlich wie in Abbildung 7.4.

Während sich bei ungünstigen Betriebsparametern (niedrige axiale Strömungsgeschwindigkeit, hoher Gasdruck und hohe HF-Leistung) starke optische Deformationen ergeben können (s. Abbildung 7.6), lassen sich mit einer geeignet geformten linearen Elektrode und geringer Drallströmung für laserrelevante Betriebsbedingungen auch geringe optische Deformationen erzielen (s. Abbildung 7.7).

In der Abbildung 7.8 ist eine optimierte Entladung mit nur sehr geringer Beeinflussung der Wellenfront des Diagnostik–HeNe–Lasers dargestellt. Hier ist die Dichteverteilung über den Rohrquerschnitt integriert längs der Entladungsstrecke nahezu konstant. Erreicht wurde dies durch eine homogene Leistungseinkopplung mit linearen Elektroden optimierter Krümmung und geringer Drallströmung.

7.4.3 Vergleich helixförmiger und linearer Elektroden

In den Abbildungen 7.9 und 7.10 ist jeweils die maximale Phasendifferenz D_o der optischen Deformation der Wellenfront einer helixförmigen Elektrode und einer linearen Elektrode für gleiche Betriebsbedingungen im Vergleich gezeigt.

Abbildung 7.9 zeigt, daß der Einfluß des Gasdruckes bei der helixförmigen Elektrode stärker ist als bei der linearen Elektrode. Zwar ist bei entsprechend niedrigem Gasdruck die Deformation für erstere geringer, bei nur leicht erhöhtem Gasdruck sind die Verhältnisse allerdings genau umgekehrt.

In Abbildung 7.10 ist der Einfluß der eingekoppelten HF–Leistung P_{HF} dargestellt. Auch hier gibt es einen optimalen HF–Leistungsbereich mit minimaler Deformation. Bei hohem P_{HF} wird das Gasvolumen durch eine zunehmend strukturiert brennende Entladung ungleichmäßig erwärmt und es treten unter Umständen Filamente auf. Insbesondere bei der helixförmigen Elektrode nimmt die Deformation mit abnehmendem P_{HF} ebenfalls wieder zu. Der Grund hierfür ist, daß bei zu geringer HF–Leistungsdichte die Entladung nicht mehr im gesamten Volumen brennt. Dieser Effekt verstärkt sich mit steigendem Gasdruck und ist weniger stark ausgeprägt auch bei der linearen Elektrode zu beobachten.

7.5 Überblick der wichtigsten Ergebnisse

Die interferometrische Messung der Wellenfrontdeformation durch die Gasentladung lieferte folgende Ergebnisse:

1. Die Form der Wellenfrontdeformation korreliert mit der Leuchtdichteverteilung der Fluoreszenz. Hohe Leuchtdichte entspricht einer erhöhten Leistungseinkopplung und damit einer erhöhten Gastemperatur. In diesen Bereichen ist die Gasteilchendichte erniedrigt, so daß die Wellenfront bezüglich den kälteren Bereichen voreilt.

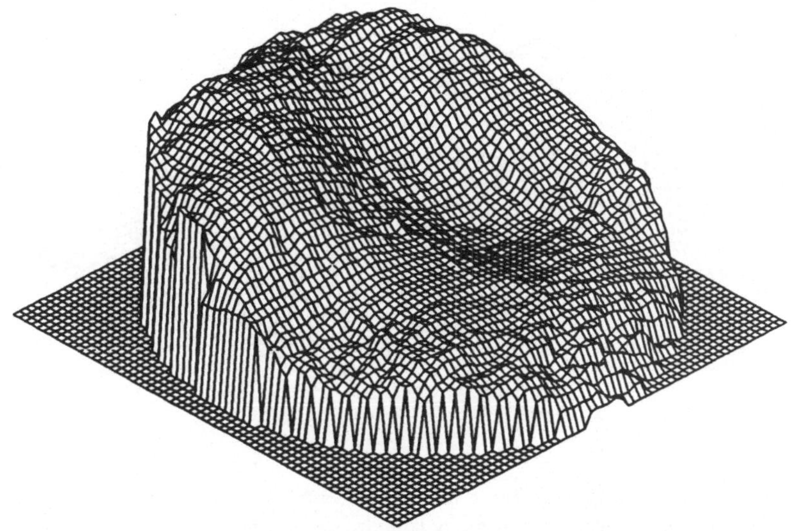

Abb. 7.6: Normierte Darstellung der Wellenfront (maximale Phasendifferenz: 0.913 μm). Lineare Elektrode ohne Drallströmung (v = 48 m/s, p = 120 hPa, P_{HF} = 3080 W).

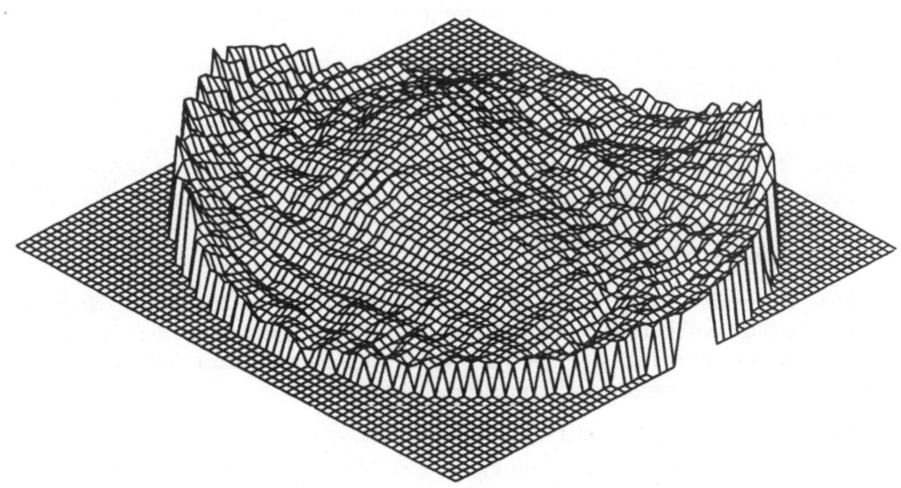

Abb. 7.7: Normierte Darstellung der Wellenfront (maximale Phasendifferenz: 0.33 μm). Lineare Elektrode mit geringer Drallströmung (v = 48 m/s, p = 100 hPa, P_{HF} = 3080 W).

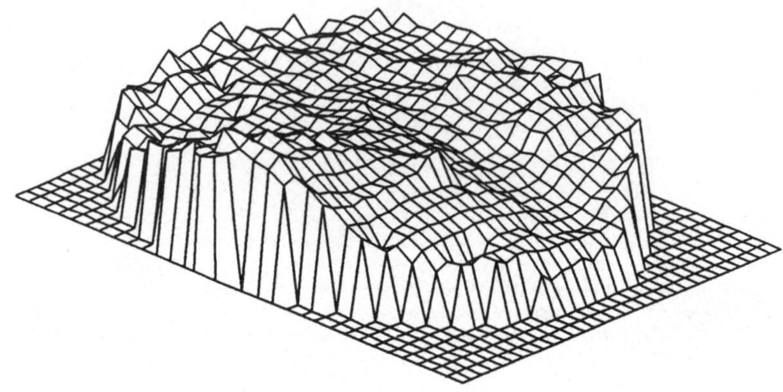

Abb. 7.8: Geringe Deformation durch homogene Leistungseinkopplung mit linearen Elektroden optimierter Krümmung (maximale Phasendifferenze: $0,15\,\mu$m, die über dem Querschnitt konstante Phasenverschiebung führt *nicht* zu einer Wellenfrontdeformation).

2. Die optische Deformation durch die Gasentladung mit helixförmigen Elektroden hängt sehr kritisch von Veränderungen der Betriebsparameter (Gasdruck, Strömungsgeschwindigkeit, eingekoppelte HF-Leistungsdichte etc.) ab, während sich die lineare Elektrode über einen weiten Bereich ausgewogener verhält.

3. Der Justieraufwand (Luftspalt als zusätzliches Dielektrikum) ist bei einer helixförmigen Geometrie erheblich größer, und schon geringfügige Verkippungen verändern die Entladung u. U. deutlich.

4. Wird die axiale Gasströmung durch einen geringen zusätzlichen Anteil Drallströmung ergänzt, lassen sich mit der optimierten linearen Elektrode über einen größeren Parameterbereich ähnlich geringe Deformationen der Wellenfront erzielen wie mit der helixförmigen Elektrode.

5. Wird der Gasströmung ein zu starker Drall aufgeprägt, ergeben sich durch die ungleichmäßige Kühlung sehr starke Deformationen der Wellenfront, die bei geringem Gasdruck der Wirkung einer divergenten und bei höherem Gasdruck derjenigen einer konvergenten äquivalenten Linse entsprechen.

6. Mit optimierten linearen Elektroden ist die optische Deformation sehr gering ($D_o < 0,2\,\mu$m). Allerdings gilt diese Optimierung nur für einen bestimmten Betriebsparameterbereich. Insbesondere der Gasdruck darf einen vom Rohrquerschnitt abhängigen optimalen Bereich nicht verlassen (s. auch Kapitel 6 und 8).

Die interferometrischen Messungen haben also gezeigt, daß sich nur durch eine räumlich homogene Gasentladung die erforderliche geringe Deformation der Wellenfront erreichen läßt.

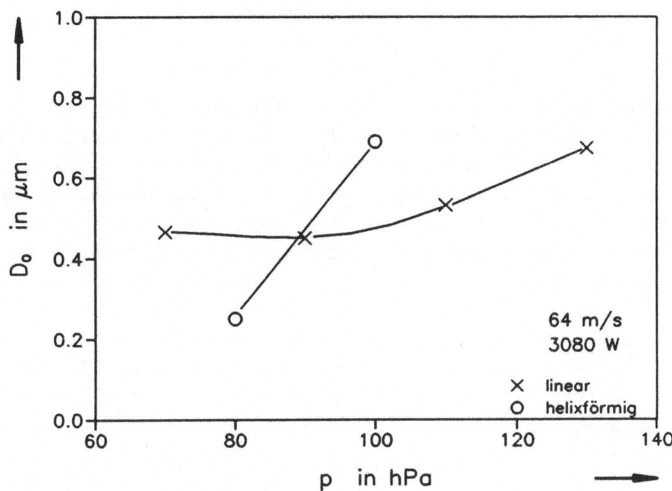

Abb. 7.9: Vergleich der optischen Wellenfrontdeformation D_o einer helixförmigen mit einer linearen Elektrode als Funktion des Gasdruckes p.

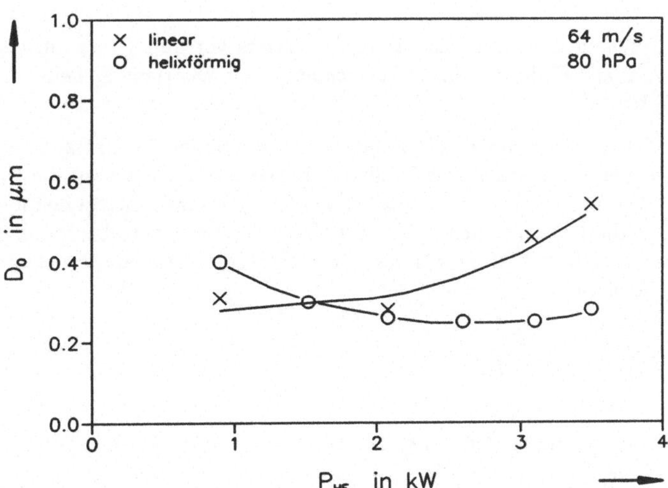

Abb. 7.10: Vergleich der optischen Wellenfrontdeformation D_o einer helixförmigen mit einer linearen Elektrode als Funktion der eingekoppelten HF-Leistung P_{HF}.

8 Messung der Kleinsignalverstärkung

Die im folgenden dargestellten Untersuchungen dienten der Ermittlung der Verteilung der Kleinsignalverstärkung in der Ebene senkrecht zur Strömungsrichtung, als Funktion der Betriebsparameter Gasdruck, Strömungsgeschwindigkeit und HF–Leistungsdichte. Ziel war es, die Parameterbereiche für eine möglichst hohe und über den Entladungsquerschnitt gleichverteilte Kleinsignalverstärkung zu finden. Da die Laserleistung mit dem angeregten Volumen skaliert, sollte insbesondere der Einfluß des Entladungsrohrquerschnitts auf das Profil des Kleinsignalverstärkungskoeffizienten (g_0–Profil) untersucht werden. Um den Einfluß der in Kapitel 6 gefundenen elektrophysikalischen Skalierung als bekannte Größe berücksichtigen zu können, wurden diese Messungen im wesentlichen an Rohren mit rechteckförmiger Querschnittsfläche und mit den in Kapitel 6 untersuchten Betriebsparametern durchgeführt. Auf diese Weise können mögliche Korrelationen zwischen Entladungsskalierung und Skalierung der Kleinsignalverstärkung gefunden werden.

8.1 Die Kleinsignalverstärkung

Die Verstärkung G eines laseraktiven Mediums ist definiert als

$$G(I_0) = \frac{I}{I_0}, \tag{8.1}$$

wobei I_0 die Eingangsintensität eines Diagnostiklasers vor und I den um den Faktor G verstärkten Wert am Ende des *LAM* bezeichnen. Der Quotient G heißt deshalb auch *Verstärkungsfaktor*.

In Gleichung 8.1 ist also implizit die Länge L der verstärkenden Entladungsstrecke enthalten. Für die Vergleichbarkeit mit ähnlichen Entladungen ist die auf die Einheitslänge bezogene Verstärkung, der *Verstärkungskoeffizient* $g(I)$, interessant. In den folgenden Untersuchungen ist die Leistungsdichte $I_0 < 5$ W/cm^2 des Probenstrahls viel kleiner als die Sättigungsintensität $I_S > 100$ W/cm^2 des betrachteten Lasermediums. Daher läßt sich die Beersche Gleichung

$$\frac{dI(z)}{dz} = g(I) \cdot I(z)\,, \tag{8.2}$$

in der g unter diesen Umständen ($I_0 \ll I_S$) *nicht* von I abhängt [31], integrieren zu

$$G_0 = \frac{I}{I_0} = e^{g_0 L}\,. \tag{8.3}$$

Dabei bezeichnet L die Länge des laseraktiven Volumens in Strömungsrichtung (hier: z–Achse). Gleichung 8.3 gilt also auch nur unter der Voraussetzung, daß der *Kleinsignalverstärkungskoeffizient* g_0 unabhängig vom Ort z längs der Strömungsrichtung ist.

8.2 Interpretation der Meßergebnisse

Bei axial geströmten Lasern bildet sich ein Temperatur- und Dichtegradient längs des Entladungsrohres aus, so daß auch der Kleinsignalverstärkungskoeffizient g_0 vom Ort längs der Strömungsrichtung abhängt [118]. Die Messung in Richtung der Gasströmung liefert daher nach Gleichung 8.3 nur einen *mittleren Kleinsignalverstärkungskoeffizienten*

$$\bar{g}_0 = \frac{1}{L} \int_0^L g_0(z) dz = \frac{ln(I/I_0)}{L} . \tag{8.4}$$

Die Abhängigkeit des Kleinsignalverstärkungskoeffizienten $g_0(z)$ in Strömungsrichtung z kann mit dieser Messung nicht ermittelt werden. Eine Extrapolation der so erhaltenen Werte auf die Verstärkung G_0 bei anderen Längen L ist damit nicht mehr ohne weiteres zulässig.

Außerdem werden angeregte Moleküle mit der Gasströmung aus dem Entladungsbereich hinaus transportiert. Auf diese Weise wechselwirkt der Probestrahl auf einer Länge, die größer als die Entladungslänge ist. Die *tatsächliche* Länge L des laseraktiven und damit verstärkenden Volumens ist dadurch größer als die Länge der Entladungszone [118, 119, 120, 121], die (ohne "Entladungsverschleppung") der Länge L_E der Elektroden entspricht. Bezieht man nun die Verstärkung auf die Länge der Elektroden, so ergeben sich *fiktive* $\bar{g}_0$-Werte, die auch von der Geometrie der untersuchten Entladungseinheit abhängen.

Die Diskrepanz zwischen den Interpretationen mittels L und L_E hängt von der Lebensdauer der Besetzungsinversion, d.h. von Gasdruck, -temperatur und Anregungsbedingungen und der Strömungsgeschwindigkeit ab [118, 119]. Sie wäre experimentell nur durch Vermessen der Kleinsignalverstärkung senkrecht zur Gasströmung und entlang des Entladungsrohres zu ermitteln. Im Unterschied zu quergeströmten Entladungsanordnungen ist dies bei längsgeströmten Entladungsrohren nicht ohne ganz erheblichen experimentellen Aufwand möglich.

Da bei den umfangreichen Parameterstudien die Verteilung der Kleinsignalverstärkung in der xy-Ebene untersucht werden sollte (im folgenden als x- bzw. y-Profile bezeichnet), mußte notwendigerweise die Verstärkung in z-Richtung gemessen und die Aussagen unter Beachtung der erwähnten Interpretationsgrenzen gewonnen werden. Zur Deutung der Ergebnisse sei erwähnt, daß sich sämtliche angeführte g_0-Werte auf die Elektrodenlänge $L_E = 20$ cm beziehen. Der Verstärkungsfaktor der gesamten Entladungseinheit ist damit genauso bestimmt.

8.3 Meßaufbau und Versuchsdurchführung

Der Versuchsaufbau für die Verstärkungsmessung ist in Abbildung 8.1 schematisch dargestellt. Der Strahl des wellenlängenabstimmbaren und durch eine Regelelektronik auf Linienmitte stabilisierten CO_2-Diagnostiklasers (Firma Edinburgh Instruments, Modell PL 2) wird durch ein Kepler-Teleskop, bestehend aus zwei ZnSe-Linsen, auf den gewünschten

Strahldurchmesser gebracht und über einen Umlenkspiegel achsparallel durch die Entladungsstrecke geführt. Diese ist an beiden Stirnseiten mit einem antireflexbeschichteten ZnSe-Fenster abgeschlossen, um einerseits das Lasergas von der Umgebungsatmosphäre zu trennen und andererseits den Diagnostiklaserstrahl passieren zu lassen. Hinter dem Austrittsfenster der Entladungseinheit wird die Leistung des Diagnostiklasers mit Hilfe eines pyroelektrischen Detektors gemessen und über einen angeschlossenen Rechner aufgezeichnet. Der Chopper in der Nähe des Brennpunkts des Teleskopes ist mit der Auswerteelektronik der Anzeigeeinheit des pyroelektrischen Detektors synchronisiert. Die Chopperfrequenz beträgt ca. 30 Hz.

Durch die Strahlformung kann wahlweise die Verstärkung über den Rohrquerschnitt "integriert", oder als Profil "ortsaufgelöst" gemessen werden. Im ersten Fall wird der Strahl des Diagnostiklasers aufgeweitet und damit bei der Messung über die x, y, z–Abhängigkeit des LAM integriert. Im zweiten Fall wird der entsprechend fokussierte Strahl mit Hilfe zweier linearer Verschiebeeinheiten relativ zum Entladungsrohr verschoben. Dadurch ergeben sich x– bzw. y–Profile der Kleinsignalverstärkung. Aus konstruktiven Gründen ist in y–Richtung nur ein Verfahrweg von ± 10 mm realisierbar. Dadurch konnte nicht die gesamte Höhe des $46 \cdot 46$ mm^2 Rohr vermessen werden.

Zur Messung der Verstärkung des Diagnostiklaserstrahls durch die Entladung wird die Entladung abwechselnd für mehrere Sekunden ein- bzw. ausgeschaltet und mit dem pyroelektrischen Detektor und nachgeschalteter Auswerteelektronik in Lock–In–Technik (die Zeitkonstante des gesamten Meßsystems beträgt für die Dauerstrichmessungen etwa 1,3 s) jeweils die Leistung des Diagnostiklaserstrahls gemessen. Der Diagnostiklaser wird über das eingebaute Gitter auf die $10P20$–Linie und den transversalen Grundmode eingestellt und durch eine aktive Regelung auf die Linienmitte stabilisiert.

Piktogramme in den grafischen Darstellungen der Meßergenisse symbolisieren den jeweiligen Durchmesser des Probenstrahls im Verhältnis zum Entladungsrohrquerschnitt. Ein Doppelpfeil gibt die Verfahrrichtung bei der Messung der g_0–Profile an.

8.4 Entladungsrohre mit kreisförmigem Querschnitt

Ziel der Untersuchungen war es, die Korrelation zwischen der Leuchtdichteverteilung der Fluoreszenz bzw. der daraus resultierenden Beeinflussung der Phasenbeziehung eines Strahlungsfeldes und dem zugehörigen Kleinsignal–Verstärkungsprofil zu untersuchen. Diese Messungen wurden deshalb mit den Rohren aus Kapitel 7 durchgeführt. Die Ergebnisse lassen sich so auf die entsprechenden Verhältnisse bei Lasern hoher Leistung übertragen.

8.4.1 Vergleich des Fluoreszenzleuchtens und der g_0–Profile

Die Messungen sind an einem einzelnen Gasentladungsrohr mit kreisförmiger Querschnittsfläche und einem Innendurchmesser von 46 mm durchgeführt worden. Für die visuelle Beurteilung der Entladung wurde diese in Richtung des Entladungsrohres ("*end-on*") fotografiert und anschließend durch ein Bildverarbeitungssystem aufbereitet. Durch

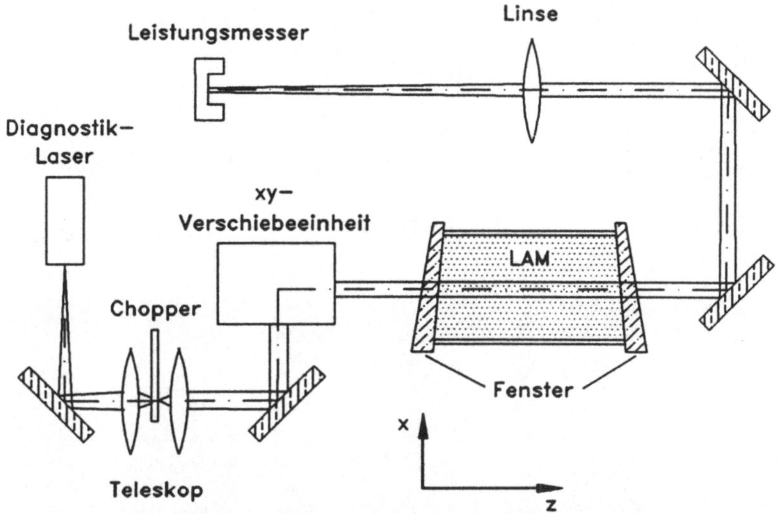

Abb. 8.1: Schematischer Aufbau für die Messung der Kleinsignalverstärkung.

die Grauabstufungen sind die unterschiedlich hell leuchtenden Entladungsbereiche besonders gut zu erkennen.

In Abbildung 8.2 ist der Einfluß der Elektrodenform und des Dielektrikums auf die räumliche Leuchtdichteverteilung der Fluoreszenz dargestellt[1]. Werden die halbschalenförmigen, an den Krümmungsradius R_K des Entladungsrohres unmittelbar angepaßten Elektroden entsprechender Breite B direkt auf das Entladungsrohr aufgesetzt, ergibt sich beispielsweise eine merklich in Wandnähe konzentrierte Entladung (Abbildung 8.2, *Elektrode 2*; hier beträgt $B = 30$ mm). Wählt man einen Krümmungsradius, der größer als derjenige der Rohrwand ist, entsteht eine scharfe, bandartige Konzentration der Entladung (Abbildung 8.2, *Elektrode 3*; hier wurde $R_K = 55$ mm und $B = 60$ mm gewählt). Eine deutlich homogenere Entladung über den Entladungsrohrquerschnitt konnte mit derselben Elektrode durch Abheben beider Elektrodenhälften erzielt werden (Abbildung 8.2, *Elektrode 1*; die Dicke d_L des Luftspaltes betrug ca. 6 mm). Dies erklärt sich aus der Wirkung des zusätzlichen "Luftkondensators" zwischen Entladungsplasma und Elektroden.

In Abbildung 8.3 sind die Profile der Kleinsignalverstärkung in x-Richtung (d.h. senkrecht zum elektrischen Feld) entsprechend den drei Elektroden von Abbildung 8.2 gezeigt. Vergleicht man beide Abbildungen, so ist eine deutliche Korrelation zwischen der Entladungsstruktur und dem zugehörigen g_0-Profil zu erkennen. Die in der Nähe der Quarzrohrwand konzentrierte Entladung zeigt keine zufriedenstellende Verstärkung im zentralen Bereich längs des Entladungsrohres, während die mittenbetonte Entladung eine merkliche Überhöhung der g_0-Werte im Bereich um die Rohrachse aufweist. Einzig für den Fall der räumlich homogenen Entladung ergibt sich ein gleichmäßiges g_0-Profil ohne ausgeprägte Minima und Maxima.

[1] Der Grad der Schwärzung entspricht der Leuchtdichte der Fluoreszenz.

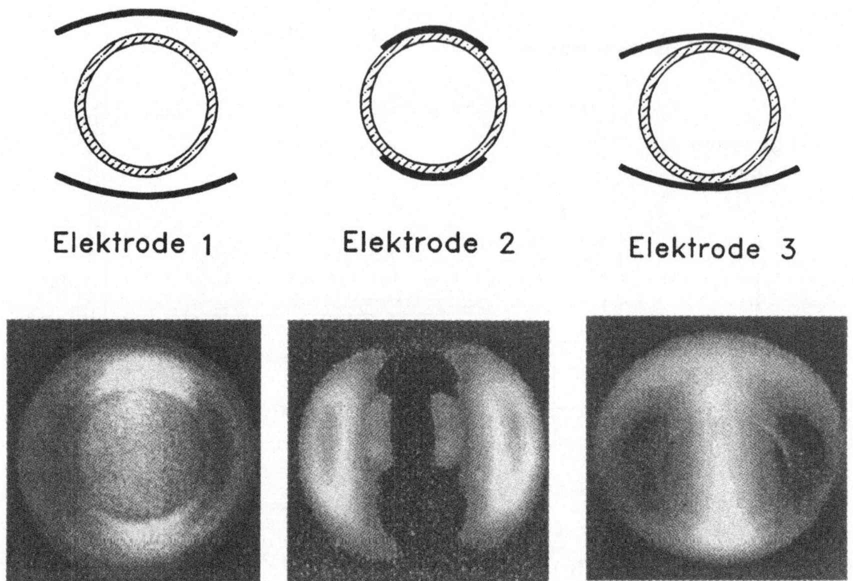

Abb. 8.2: Leuchtdichteverteilung der *end-on* Fluoreszenz bei drei unterschiedlichen dielektrischen Elektroden.

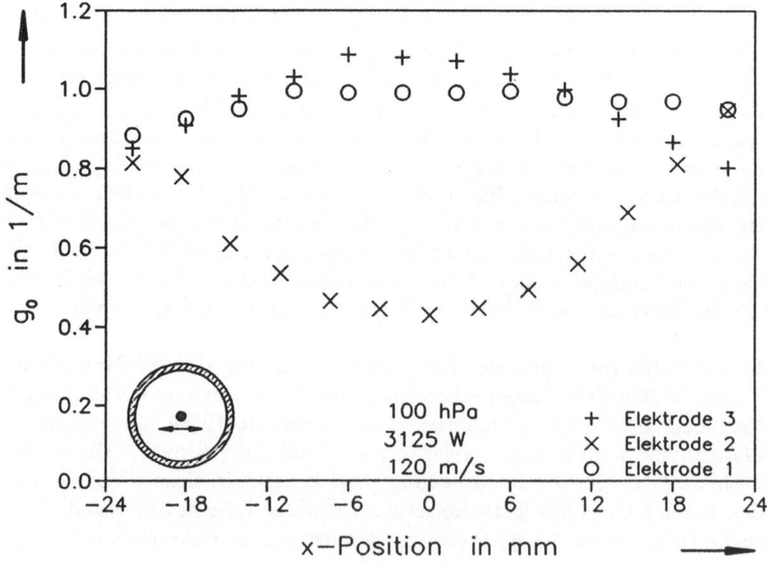

Abb. 8.3: g_0-Profile für die Elektroden aus Abbildung 8.2.

8.4.2 Integrale Messungen

Bei diesen Messungen sind Entladungsrohre mit 16 mm und 46 mm Durchmesser untersucht worden. Der Strahldurchmesser des Diagnostiklasers ist dabei auf ca. 10 mm bzw. 20 mm vergrößert worden (eine größere Aufweitung des Diagnostiklasersstrahls hätte sehr geringe Leistungsdichten ergeben, die unterhalb der Nachweisgrenze der verwendeten wärmeempfindlichen Fluoreszenzscheiben gelegen wären; eine Justierung wäre dann unmöglich gewesen).

In den Abbildunger 8.4 und 8.5 sind die Kleinsignalverstärkungskoeffizienten g_0 als Funktion der eingekoppelten HF–Leistungsdichte p_{HF} für das Rohr mit 16 mm bzw. 46 mm Durchmesser dargestellt. Parameter ist die Strömungsgeschwindigkeit v.

Vergleicht man die Meßergebnisse dieser beiden Abbildungen so fällt auf, daß sich bei gleichen Betriebsparametern wie Gasdruck, Strömungsgeschwindigkeit und HF-Leistungsdichte unterschiedliche g_0–Werte ergeben (Beispiel: für $p_{HF} = 5$ W/cm^3 und $v = 160$ m/s ergibt sich $g_0 \approx 0,8$ m^{-1} bzw. $g_0 \approx 0,6$ m^{-1} für $d = 16$ mm bzw. $d = 46$ mm; bei höheren Leistungsdichten sind die Abweichungen noch größer). Der Grund hierfür sind die unterschiedlichen räumlichen Verteilungen der Kleinsignalverstärkung. Wie die Untersuchungen in Kapitel 6 gezeigt haben, sind die Leuchtdichteverteilungen und damit korreliert auch die g_0–Profile (vgl. Abbildungen 8.2 und 8.3) in Rohren unterschiedlichen Durchmessers bei *gleichen* Betriebsparametern *unterschiedlich*. Für die Untersuchung der Skalierungsgesetze der Kleinsignalverstärkung sind deshalb die g_0–Profile zu berücksichtigen. Wie Abbildung 8.3 gezeigt hat, beeinflußt die Elektrodenform das g_0–Profil stark. Um diesen Einfluß von den restlichen Einflußgrößen separieren zu können, wurden für die weiteren Untersuchungen die Rohre mit rechteckförmiger Querschnittsfläche und planen Elektroden aus Kapitel 6 verwendet.

Vergleicht man die Abbildungen 8.4 und 8.5 qualitativ, so sind in beiden Fällen zunächst steile Anstiege auf die Maxima g_0^{max} charakteristisch. Je höher die Strömungsgeschwindigkeit v, desto größere Werte erreicht g_0^{max}. Ein anschließender Abfall von g_0 ist in Abbildung 8.5 wegen der geringeren Leistungsdichte im Vergleich zu Abbildung 8.4 nicht zu erkennen. Dieses Verhalten ist auf die mit p_{HF} steigende Temperatur T (bei konstantem v) des Mediums zurückzuführen. Dadurch wird der Inversionserzeugung durch die elektrische Anregung entgegengewirkt, bis die Inversion schließlich zunehmend abgebaut wird. Je höher die die Strömungsgeschwindigkeit v (d.h. je kürzer die Aufenthaltsdauer eines Gasteilchens in der Entladungszone) ist, desto höher kann auch die Leistungsdichte p_{HF} sein, bevor thermische Effekte einen Einfluß haben.

Dies wird in Abbildung 8.6 besonders deutlich, wo mit steigender HF–Leistungsdichte im gleichen Verhältnis die Strömungsgeschwindigkeit und damit die Teilchenstromdichte $\dot{n}$ erhöht wurde. Auf diese Weise bleibt die HF–*Energie* pro Gasteilchen bzw. die während der Aufenthaltsdauer τ_v in der Entladung pro Volumeneinheit eingekoppelte HF–Energie konstant. Der Kleinsignalverstärkungskoeffizient g_0 nimmt nun proportional der HF-Leistungsdichte p_{HF} zu. Mit zunehmender Energiedichte e_{HF} sind die Geraden zu geringeren g_0 verschoben, da die steigende Gastemperatur die Erzeugung einer Besetzungsinversion erschwert. Die x–Achsenabschnitte würden die Schwelleistungsdichten zur Erzeugung der Besetzungsinversionsdichte angeben.

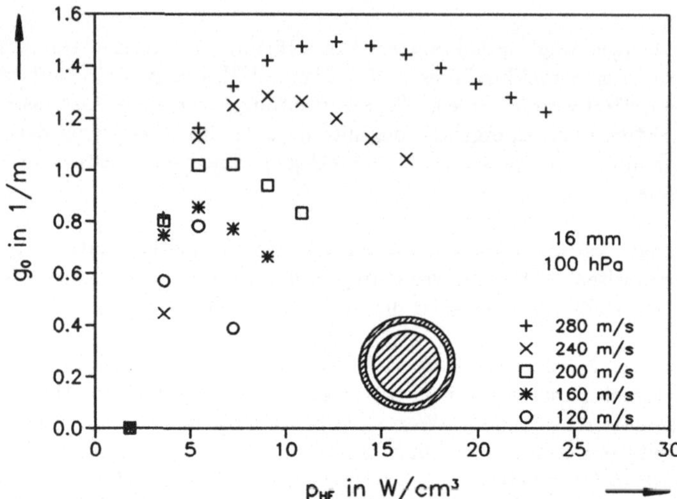

Abb. 8.4: Kleinsignalverstärkung g_0 als Funktion der eingekoppelten HF–Leistungsdichte p_{HF}. Rohrdurchmesser: 16 mm.

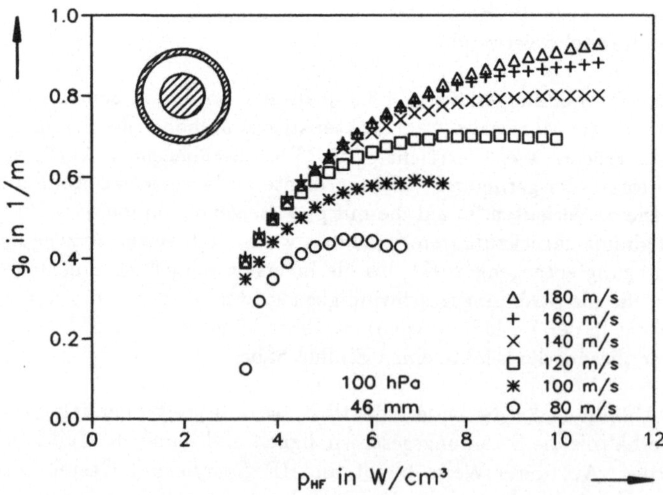

Abb. 8.5: Kleinsignalverstärkung g_0 als Funktion der eingekoppelten HF–Leistungsdichte p_{HF}. Rohrdurchmesser: 46 mm.

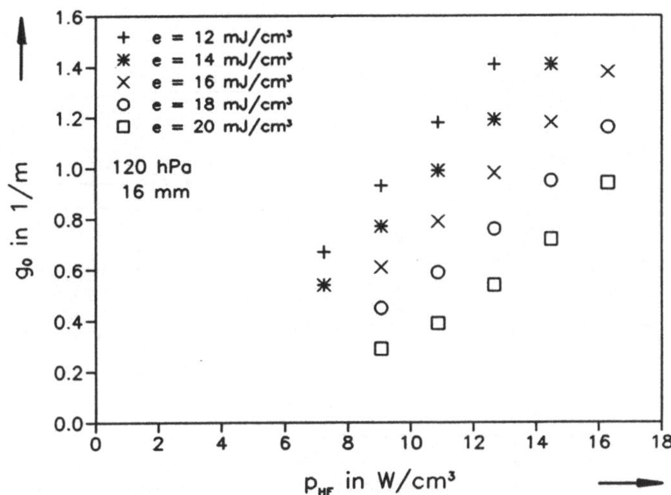

Abb. 8.6: Kleinsignalverstärkung g_0 als Funktion der eingekoppelten HF-Leistungsdichte p_{HF}. Längs der Geraden ist die eingekoppelte Energiedichte e konstant. Rohrdurchmesser: 16 mm.

8.5 Entladungsrohre mit rechteckförmigem Querschnitt

Die hier durchgeführten Untersuchungen gelten dem systematischen Vergleich der Verstärkungseigenschaften von Entladungsrohren unterschiedlicher Querschnittsflächen und insbesondere unterschiedlicher Entladungslängen d_E in Richtung des elektrischen Feldes. Sie bauen auf den Untersuchungen der Entladungshomogenität in Kapitel 6 auf und werden durch die Sättigungsintensitätsmessungen in Kapitel 9 ergänzt.

8.5.1 Profile

In Abbildung 8.7 und Abbildung 8.8 ist — bei nahezu konstanter HF-Leistungsdichte — der Einfluß des Gasdruckes p auf das g_0-Profil dargestellt (die Strömungsgeschwindigkeit v ist konstant). Dieses ist, wie schon bei den Rohren mit kreisfömiger Querschnittsfläche, ein Abbild der Leuchtdichteverteilung der Fluoreszenz. Mit zunehmendem Gasdruck p geht die anfangs nahezu räumlich homogene in eine mittenbetonte Entladung über. Deshalb nehmen die g_0-Werte in Wandnähe mit zunehmendem Gasdruck p überproportional ab.

Wie nach den Untersuchungen in Kapitel 6 schon zu erwarten war, sind die Druckbereiche, in denen sich das g_0-Profil deutlich ändert, für verschiedene Entladungslängen d_E ebenfalls verschieden. Abbildung 8.8 zeigt, daß beispielsweise für d_E = 25 mm die Entladung und damit das g_0-Profil bei p = 130 hPa noch über nahezu den gesamten Rohrquerschnitt[2]

[2]Die innere Breite der Entladungsrohre ist in den grafischen Darstellungen der Profilmessungen durch eine dicke Linie hervorgehoben.

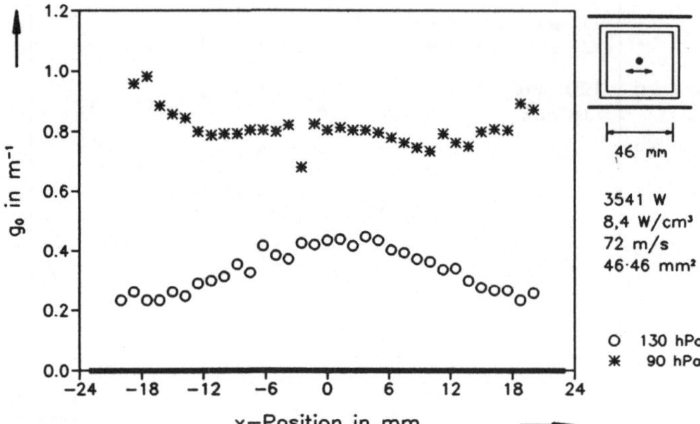

Abb. 8.7: Einfluß des Gasdrucks auf das Profil der Kleinsignalverstärkung. Rohrquerschnitt: $46 \cdot 46$ mm^2. Bei einem Gasdruck von 130 hPa ist das Profil deutlich mittenbetont.

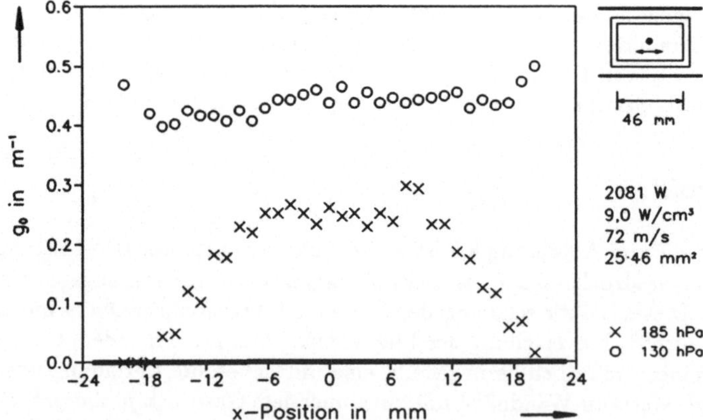

Abb. 8.8: Wie Abbildung 8.7, aber Rohrquerschnitt: $25 \cdot 46$ mm^2. Bei einem Gasdruck von 130 hPa ist das Profil nahezu homogen mit deutlichem Anstieg in Wandnähe.

homogen mit einer merklichen Wandbetonung ist (innerhalb des Bereichs von ± 18 mm beträgt $\Delta g_0 < 10$ %), ganz im Gegensatz zu den Verhältnissen für $d_E = 46$ mm in Abbildung 8.7 bei sonst nahezu identischen Betriebsbedingungen (hier beträgt $\Delta g_0 \approx$ 50 %). Erst bei deutlich höheren Drücken p (185 hPa in Abbildung 8.8) ergibt sich ein ähnlich mittenbetontes g_0–Profil wie es für $d_E = 46$ mm schon bei $p = 130$ hPa der Fall ist. Entsprechend muß für $d_E = 46$ mm der Druck erniedrigt werden — z.B. auf 90 hPa wie in Abbildung 8.7 — damit sich das g_0–Profil von mittenbetont nach wandbetont ändert.

Aus Abbildung 8.9 wird allerdings ersichtlich, daß die Absolutwerte der Kleinsignalverstärkung *nicht* nach der Beziehung $p \cdot d_E = const$ für ähnliche Entladungen skalieren. Für nahezu gleiche Leistungsdichten und identische Strömungsgeschwindigkeiten ergeben sich deutlich unterschiedliche g_0–Werte. Offenbar ist der Gasdruck eine Skalierungsgröße für die Kleinsignalverstärkung, was im folgenden noch gezeigt wird.

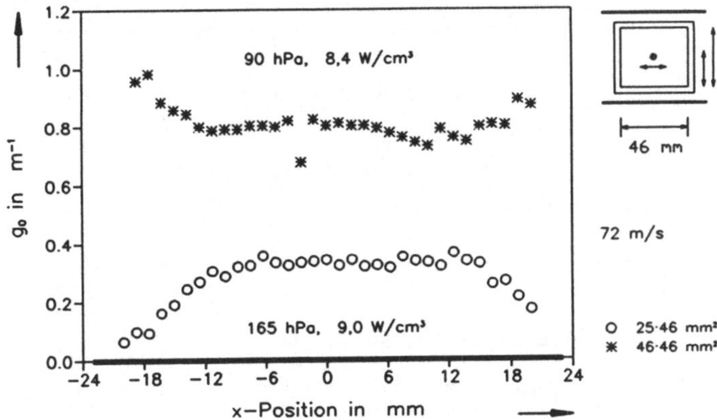

Abb. 8.9: g_0–Profile für zwei unterschiedliche Rohrquerschnitte und $p \cdot d_E = const.$

In Abbildung 8.10 sind die g_0–Profile für zwei unterschiedliche Entladungsrohre bei sonst gleichen Betriebsbedingungen gezeigt, d.h. gleicher Leistungsdichte p_{HF}, Gasdruck p und Strömungsgeschwindigkeit v. Im Bereich der Rohrachse sind die g_0–Werte nahezu gleich, während bei $d_E = 46$ mm das Profil merklich mittenbetont und für $d_E = 25$ mm eher wandbetont ist. Die g_0–Profile verschiedener Entladungsrohre ergeben sich aus einer Überlagerung zweier unterschiedlicher Druckabhängigkeiten. Während die Entladungseigenschaften (z.B. Filamentierungsgrenze) für $p \cdot d_E = const$ gleich sind, sind die Kleinsignalverstärkungseigenschaften für konstanten Gasdruck p gleich (bei konstanter Strömungsgeschwindigkeit und Leistungsdichte).

Den Einfluß des Gasdrucks p auf die Form des g_0–Profils zeigt Abbildung 8.11 am Beispiel eines Entladungsrohres mit $46 \cdot 46$ mm² Querschnittsfläche und konstanter Strömungsgeschwindigkeit und HF–Leistung nochmals besonders deutlich. Mit zunehmendem Gasdruck nimmt die Kleinsignalverstärkung ab und zwar im Bereich der beiden Seitenwände des Rohres mehr als im Mittenbereich. Dadurch ändert sich die Form von leicht konkav nach *deutlich* konvex. Ein ähnliches Verhalten ist auch für das Entladungsrohr mit $25 \cdot 46$ mm² Querschnittsfläche zu beobachten, siehe Abbildung 8.12, allerdings muß hier gemäß der Entladungsskalierung ein entsprechender Druckbereich gewählt werden.

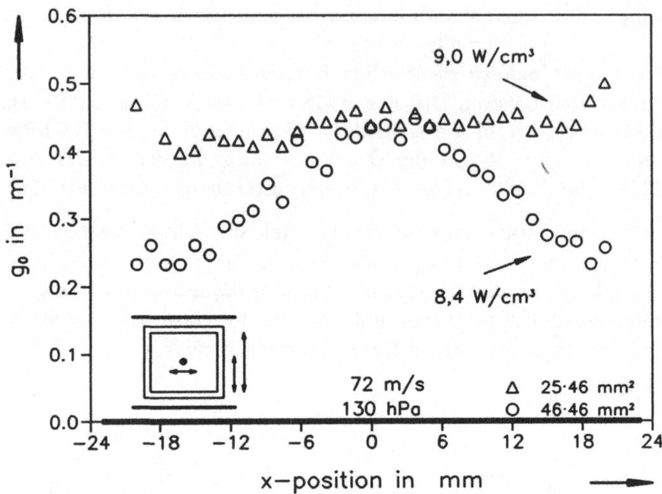

Abb. 8.10: g_0–Profile für zwei unterschiedliche Rohrquerschnitte und (nahezu) gleiche Betriebsparameter.

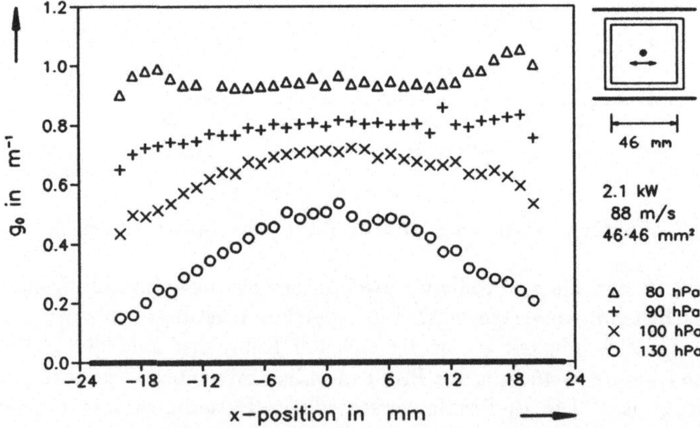

Abb. 8.11: Einfluß des Gasdrucks auf das g_0–Profil. Mit steigendem Gasdruck ändert sich die Form des Profils von leicht wand- zu deutlich mittenbetont. Rohrquerschnitt: $46 \cdot 46$ mm^2.

In Abbildung 8.13 ist der *integrale* Kleinsignalverstärkungskoeffizient als Funktion des reziproken Drucks $1/p$ dargestellt. Dazu wurden die g_0–Profile in Abbildung 8.11 rechnerisch integriert und längs der gemessen x–Positionen gemittelt. Die Werte liegen sehr gut auf einer Geraden, so daß gilt:

$$g_0 \sim p^{-1} \,. \tag{8.5}$$

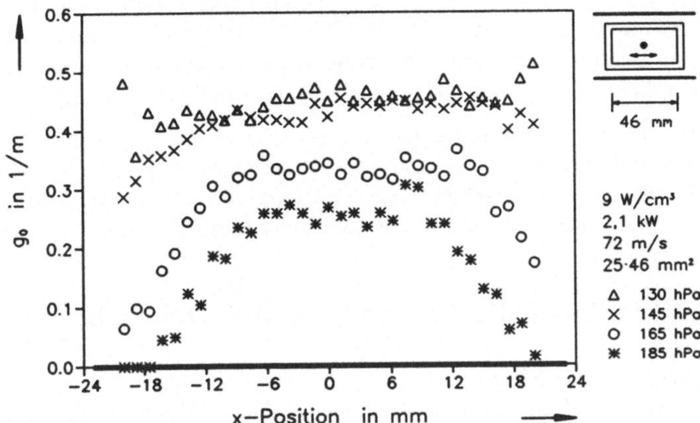

Abb. 8.12: Ähnliche Darstellung wie in Abbildung 8.11, aber 25 · 46 mm^2 Rohrquerschnitt und geänderter Druckbereich. Die Form des Profils ändert sich in der gleichen Weise wie in Abbildung 8.11.

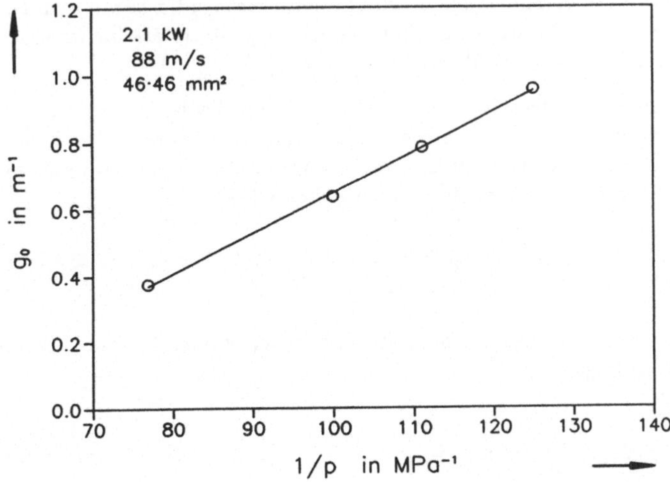

Abb. 8.13: Einfluß des Gasdrucks auf den rechnerisch aus den g_0–Profilen in Abbildung 8.11 ermittelten ***integralen*** Kleinsignalverstärkungskoeffizienten. Rohrquerschnitt: 46 · 46 mm^2.

Diese Druckabhängigkeit wird im nächsten Abschnitt auf die Änderung entsprechender elektrophysikalischer Größen zurückgeführt.

Ein signifikanter Einfluß der Strömungsgeschwindigkeit v auf die Form des g_0-Profils konnte nicht festgestellt werden. Wie in den Abbildungen 8.14 und 8.15 zu sehen ist, sind die Effekte so gering, daß sich daraus keine Schlüsse ziehen lassen. Allerdings verschieben sich mit steigendem v die Profile parallel zu höheren Absolutwerten. Der Grund hierfür ist die zunehmende Teilchenstromdichte $\dot{n}$ bei konstanter Energiestromdichte $\dot{e}_{HF}$ und damit geringere Temperaturzunahme ΔT längs der Gasentladung, weshalb der Kleinsignalverstärkungskoeffizient g_0 mit der Strömungsgeschwindigkeit v steigt.

Ein signifikanter Einfluß der Wandtemperatur des Quarzrohrs auf die Temperaturverteilung des Gases und damit auf das g_0–Profil kann ausgeschlossen werden, da die (ungekühlten) Elektroden durch eine Luftschicht von der Quarzrohrwand isoliert sind. Es hat sich gezeigt, daß sich die Rohrwand nach kurzer Zeit auf nahezu Gastemperatur erwärmt.

8.5.2 Elektrophysikalische Deutung der Druckabhängigkeit

Um die Abhängigkeit der Kleinsignalverstärkung vom Gasdruck (Abbildung 8.13) mit den Entladungseigenschaften korrelieren zu können, sind in Abbildung 8.16 die reduzierte Feldstärke E/n und die Elektronendichte n_e als Funktion des reziproken Gasdrucks $1/p$ dargestellt. Die jeweiligen Gasdichten sind für eine konstante mittlere Gastemperatur von 330 K berechnet, so daß der Fehler über dem gesamten hier betrachteten Bereich unter 10 % beträgt.

Während die reduzierte Feldstärke — sie bestimmt die Ratenkoeffizienten der Elektronenstoßprozesse — unverändert bleibt, sinkt die Elektronendichte mit dem Druck. Damit ist die mit steigendem Gasdruck abnehmende Kleinsignalverstärkung im wesentlichen auf die abnehmende Elektronendichte zurückzuführen.

Die experimentell gefundene Konstanz der reduzierten Feldstärke E/n als Funktion des Gasdrucks stimmt mit den Ergebnissen in [24] und [122] überein. Die inverse Proportionalität der Elektronendichte n_e zum Gasdruck (bzw. Teilchendichte) läßt sich auch aus der Beziehung für die eingekoppelte Leistungsdichte [47]

$$j \cdot E = e \cdot v_D \cdot n_e \cdot E \tag{8.6}$$

herleiten. Für konstante elektrische Leistungsdichte, reduzierte Feldstärke und Driftgeschwindigkeit v_D folgt:

$$j \cdot E = e \frac{E}{n} v_D \cdot n_e n = const \quad \Longrightarrow \quad n_e n = const \quad \Longrightarrow \quad n_e \sim \frac{1}{n}\,. \tag{8.7}$$

Damit läßt sich die experimentell gefundene Druckabhängigkeit des Kleinsignalverstärkungskoeffizient (T wird als konstant angenommen, d.h. $p \sim n$) anhand der allgemeinen Beziehung

$$g_0 = \sigma \cdot \Delta n \tag{8.8}$$

wie folgt überprüfen (σ ist der Wirkungsquerschnitt für stimulierte Emission und Δn ist die Besetzungsinversionsdichte zwischen dem oberen und dem unteren Laserniveau des CO_2–Moleküls):

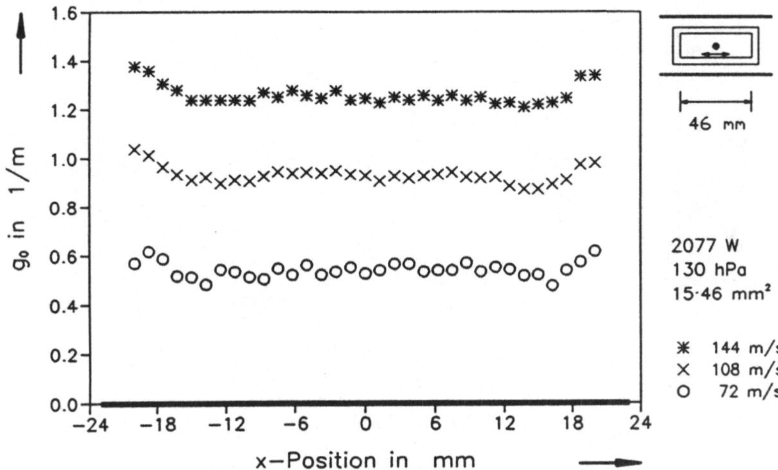

Abb. 8.14: g_0–Profile für unterschiedliche Strömungsgeschwindigkeiten.

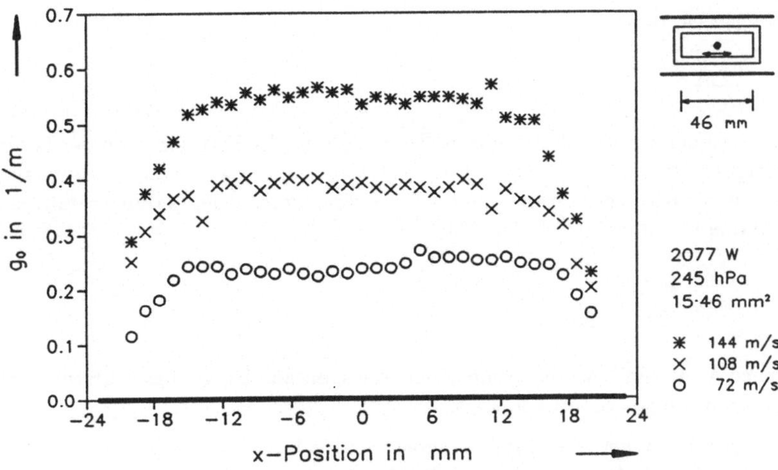

Abb. 8.15: Wie Abbildung 8.14, aber höherer Gasdruck.

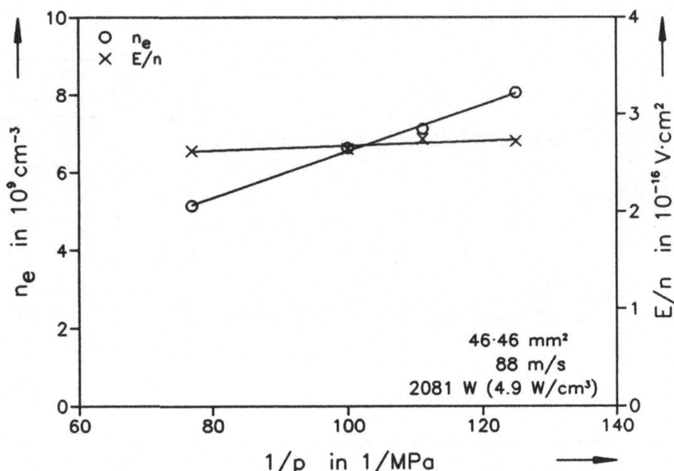

Abb. 8.16: Reduzierte Feldstärke E/n und Elektronendichte n_e als Funktion des reziproken Gasdrucks $1/p$. Rohrquerschnitt: $46 \cdot 46$ mm^2.

Bei konstanter reduzierter Feldstärke E/n und damit konstanter Verteilungsfunktion der Elektronenenergie sind auch die Wirkungsquerschnitte für die Vibrations- und Rotationsanregungen in die verschiedenen Energieniveaus konstant. Die Besetzungsinversionsdichte nimmt dann linear mit den Teilchendichte n und n_e der beiden Stoßpartner CO_2-Moleküle und Elektronen zu, d.h.

$$\Delta n \sim n \cdot n_e \,. \tag{8.9}$$

Beim Wirkungsquerschnitt für stimulierte Emission muß die Formfunktion der Laserlinie berücksichtigt werden. Wie in Anhang C gezeigt wird, überwiegt für die hier untersuchten Gasdrücke die Druckverbreiterung, und für die Linienmitte der daraus resultierenden Lorentzfunktion ergibt sich (z.B. [69, 123])

$$\sigma = \frac{\lambda^2 A_{ou}}{8\pi^2} \cdot \frac{1}{\Delta\nu} \,. \tag{8.10}$$

Es bezeichnen λ, A_{ou} und $\Delta\nu$ die Wellenlänge, die spontane Übergangswahrscheinlichkeit und die Linienbreite des Laserübergangs.

Die Linienbreite ist wegen der dominierenden Stoßverbreiterung proportional der Teilchendichte. Mit Gleichung 8.9 folgt schließlich

$$g_0 = \sigma \cdot \Delta n \sim \frac{1}{\Delta\nu} \cdot n \cdot n_e \sim \frac{1}{n} \cdot n \cdot n_e = n_e \,. \tag{8.11}$$

Damit schließen sich die aus den Messungen der Kleinsignalverstärkung und den elektrophysikalischen Daten erhaltenen Aussagen zu einer in sich konsistenten Deutung.

8.6 Überblick der wichtigsten Ergebnisse

Aus den Messungen der Verstärkungsprofile (g_0–Profile) ergaben sich für die untersuchten Bedingungen folgende Ergebnisse:

1. Die Leuchtdichteverteilung der *end–on*–Fluoreszenz korreliert qualitativ mit der Form des g_0–Profils.

2. Für Entladungsrohre mit kreisförmigem Querschnitt muß die Form der Elektroden in Hinblick auf den Betriebszustand optimiert werden, um ein gleichförmiges g_0–Profil zu erzielen.

3. Für Entladungsrohre mit rechteckförmigem Querschnitt ergeben sich mit planen Elektroden, innerhalb eines von der Entladungslänge in Feldrichtung abhängigen Druckbereichs, homogene g_0–Profile. Für Drücke außerhalb dieses Bereichs zeigt sich ein starker Einfluß der Entladungsform auf die Form der g_0–Profile.

4. Die Strömungsgeschwindigkeit v hat keinen signifikanten Einfluß auf die Form des g_0–Profils. Mit steigendem v erhöhen sich die Absolutwerte, so daß die relative Variation über dem Entladungsrohrquerschnitt abnimmt.

5. Für gleiche Betriebsparameter wie Gasdruck, Strömungsgeschwindigkeit und HF-Leistungsdichte ergeben sich in Rohren mit verschiedenen Entladungslängen in Feldrichtung die gleichen g_0–Werte nur unter der Voraussetzung, daß bei den gewählten Bedingungen die Entladung in den Rohren homogen brennt. Andernfalls treten Abweichungen auf. Durch eine genügend hohe Strömungsgeschwindigkeit können diese aber prozentual gering gehalten werden.

6. Mit Hilfe der Impedanzmessungen aus Kapitel 4 läßt sich die Abnahme des integralen Kleinsignalverstärkungskoeffizienten g_0 mit steigendem Gasdruck p (bei sonst konstanten Parametern) auf die ebenfalls abnehmende Elektronendichte n_e zurückführen. Die reduzierte Feldstärke E/n bleibt hingegen nahezu konstant.

7. Aus Punkt 6 folgt, daß sich die gleichen g_0–Werte in Entladungsrohren mit unterschiedlichen Querschnitten nur für gleiche Gasdrücke ergeben. Dies konnte experimentell bestätigt werden, wobei sich je nach Form der g_0–Profile diese Übereinstimmung nur im Bereich der Rohrachse erzielen läßt. Dieses Verhalten resultiert daraus, daß — bei sonst konstanten Parametern — der Kleinsignalverstärkungskoeffizient im wesentlichen mit dem Gasdruck p (d.h. der Elektronendichte n_e) skaliert, die Entladungseigenschaften hingegen mit dem Produkt $p \cdot d_E$ (d.h. n_e/d_E).

9 Messung der Großsignalverstärkung

Für die Skalierung der Laserleistung P_L ist außer dem Kleinsignalverstärkungskoeffizient g_0 noch die Kenntnis der Sättigungsintensität I_S erforderlich. Dann läßt sich aus diesen Kenndaten des *LAM* mit dem Volumen V die maximal auskoppelbare Laserleistung P_L^{max} bestimmen gemäß [31]

$$P_L^{max} = g_0 \cdot I_S \cdot V \,. \tag{9.1}$$

In diesem Kapitel werden Untersuchungen zur Sättigungsintensität diskutiert. Ziel war es, aus diesen Messungen und denen von g_0 Skalierungsgesetze für die maximal auskoppelbare Laserleistung abzuleiten. Dazu sollten insbesondere Rohre mit unterschiedlichem Querschnitt berücksichtigt werden.

Die Messungen erfolgten zunächst nach der bereits in Kapitel 8 beschriebenen *Verstärkermethode.* Dabei wurden die Betriebsparameter in weiten Bereichen variiert. Mit Hilfe der *Resonatormethode* erfolgte danach für einen Betriebszustand exemplarisch eine Überprüfung der Ergebnisse. Im folgenden werden beide Methoden erläutert.

9.1 Meßprinzipien

9.1.1 Die Verstärkermethode

Bei diesen Messungen wurde im Gegensatz zu jenen der*Klein*signalverstärkung die Leistungsdichte I des Diagnostiklasers bis in den Bereich der *Sättigungsintensität* I_S des untersuchten *LAM* erhöht. Es muß also die Abhängigkeit des *Verstärkungskoeffizienten* g von der Leistungsdichte des Strahlungsfeldes berücksichtigt werden. Für ein *LAM*, dessen Linienbreite im wesentlichen durch Stoßprozesse bestimmt wird (was innerhalb des Parameterbereichs dieser Arbeit der Fall ist, siehe Anhang C), gilt [124]:

$$g(I) = g_0 \frac{1}{1 + \frac{I}{I_S}} \,. \tag{9.2}$$

Setzt man dies in Gl. 8.2, S. 95 ein, so erhält man:

$$\frac{dI}{dz} = g_0 \frac{I}{1 + \frac{I}{I_S}} \,. \tag{9.3}$$

Diese Gleichung beschreibt die Verstärkung eines Strahlungsfeldes beliebiger Leistungsdichte in einem *LAM* mit homogener Linieverbreiterung und räumlich konstantem Kleinsignalverstärkungkoeffizienten g_0 und beinhaltet als Spezialfälle auch die beiden Grenzfälle der Kleinsignalverstärkung ($I \ll I_S$) und der Großsignalverstärkung ($I \gg I_S$).

Aus Gleichung 9.3 läßt sich durch Integration eine Beziehung herleiten, mit der sich die Größen g_0 und I_S experimentell bestimmen lassen. Dazu wird zunächst ein eindimensionales *LAM* der Länge L in z-Richtung angenommen. Die Eintrittsleistungsdichte des Diagnostiklasers betrage $I(x=0) = I_0$ und die Austrittsleistungsdichte nach Verlassen des Verstärkers betrage $I(x=L) = I$. Damit folgt aus Gleichung 9.3:

$$\int_{I_0}^{I} \frac{1+\frac{I}{I_S}}{I}\, dI = \int_{I_0}^{I} \left(\frac{1}{I} + \frac{1}{I_S}\right) dI = \int_{0}^{L} g_0\, dz \,, \tag{9.4}$$

und schließlich:

$$\ln\left(\frac{I}{I_0}\right) + \frac{I - I_0}{I_S} = g_0 L \,. \tag{9.5}$$

Aus dieser Beziehung lassen sich die beiden Unbekannten g_0 und I_S nur bestimmen, wenn man mindestens zwei unabhängige Wertepaare (I,I_0) kennt. Ermittelt man also experimentell einige (I,I_0)-Meßpaare, so ergibt sich nach Gleichung 9.5 eine lineare Beziehung, wenn man $y = \ln(I/I_0)$ und $x = I - I_0$ setzt:

$$y = g_0 L - \frac{1}{I_S} x \,. \tag{9.6}$$

Aus der Steigung dieser Geraden erhält man I_S und aus dem Achsenabschnitt das Produkt $g_0 L$. Damit bietet dieses Verfahren neben der Bestimmung von I_S zusätzlich die Möglichkeit einer Überprüfung der in Kapitel 8 diskutierten Meßwerte für g_0.

Unberücksichtigt blieb bisher die tatsächliche Leistungsdichteverteilung $I(x,y)$ des realen Diagnostiklaserstrahls. Nimmt man für den Diagnostiklaserstrahl näherungsweise eine dem Gaußschen Grundmode entsprechende Leistungsdichteverteilung an, so werden wegen Gleichung 9.3 im *LAM* die Bereiche geringerer Leistungsdichte (d.h. die Flanken) mehr verstärkt als die zentralen Bereiche hoher Leistungsdichte, so daß sich die Leistungsdichteverteilung ändert. Dieser Effekt wurde bei der Auswertung der Meßergebnisse mit Hilfe eines im Rahmen dieser Arbeit entwickelten selbstkonsistenten Rechenverfahrens (s. Anhang D.1) berücksichtigt.

Die tatsächliche Leistungsdichteverteilung des Diagnostiklaserstrahls kann näherungsweise vernachlässigt werden, falls eine Blende *vor* der Gasentladung verwendet wird, die im wesentlichen nur den Bereich in der Nähe seines Leistungsdichtemaximums durchläßt [128]. Hat der durch das *LAM* tretende Strahl einen zu kleinen Durchmesser, wird die Messung durch Diffusion [127] und Konvektion [129] verfälscht. Durch den transversalen Transport angeregter Moleküle in den Bereich des Diagnostiklaserstrahls hinein ergeben sich zu hohe Werte für I_S. Deshalb wurde auf diese Methode verzichtet.

Zu beachten ist, wie schon in Kapitel 8 erwähnt, daß die Verstärkungs- und damit auch die Sättigungseigenschaften der schnell längsgeströmten Gasentladung eine Funktion des Ortes in Strömungsrichtung und damit in Richtung des Diagnostiklaserstrahls sind. Statt $I_S(z)$ kann aber ähnlich wie für g_0 nur ein *fiktiver* Mittelwert $\bar{I}_S$ bestimmt werden. Gleichwohl entspricht dieses Verfahren der Situation, die ein resonatorinternes Feld vorfindet. Damit sind die so gewonnenen $\bar{I}_S$ und $\bar{g}_0$ direkt mit denen vergleichbar, die aus der Resonatormethode [128] ermittelten werden können. Diese wird im folgenden Abschnitt erläutert.

9.1.2 Die Resonatormethode

Um die Laserparameter g_0 und I_S nach der Resonatormethode zu bestimmen, muß die Auskoppelkennlinie experimentell ermittelt werden. Dazu wird die Gasentladungseinheit (s. auch Abbildung 6.1) an ihren Stirnseiten mit Resonatorspiegeln abgeschlossen. Der Resonator wird dabei so ausgelegt, daß das Modenvolumen einen großen Teil des *LAM* ausfüllt (hoher Multimode). Wird nun die Laserintensität als Funktion des Transmissionsgrads des Auskoppelspiegels gemessen, kann an diese Wertepaare eine theoretische Funktion für die auskoppelbare Laserleistungsdichte I_a nach Rigrod [130]

$$I_a = I_s T_1 \frac{g_0 L + \ln\sqrt{R_1 R_2}}{(1+\sqrt{R_1/R_2})(1-\sqrt{R_1 R_2})} \tag{9.7}$$

oder nach Hügel [67]

$$I_a = I_S \frac{T_1}{R_1+1}\left\{\frac{2g_0 L}{2\gamma L + \ln(R_1 R_2)^{-1}} - 1\right\} \tag{9.8}$$

angepaßt werden. Dabei bedeuten g_0, I_S den Kleinsignalverstärkungskoeffizient bzw. die Sättigungsintensität, R_1, T_1, A_1 und R_2, T_2, A_2 die Reflexion, Transmission und Absorption des Auskoppel- bzw. Endspiegels (es gilt: $R_i = 1 - T_i - A_i$, $i \in [1,2]$), und γ (= *Verlustkoeffizient*) stellt die auf die Länge L verteilten Verluste des Mediums dar. Nach der Methode der Minimierung der Gaußschen Fehlerquadrate ist das Nichtlineare Gleichungssystem (NGS)

$$\frac{\partial}{\partial p_i}\sum_{j=1}^{j=n}\left\{I_j^{Mess}(T_j) - I_a\right\}^2 = 0 \qquad \text{mit} \qquad p_i \in [g_0, I_S, \gamma \,\text{bzw.}\, A] \tag{9.9}$$

zu lösen. Hier bedeuten I_j^{Mess} die Meßwerte der Laserintensität als Funktion der n verschiedenen Transmissionsgrade T_j des Auskoppelspiegels und I_a steht jeweils für eine der beiden Modellfunktionen aus den Gleichungen 9.7 und 9.8. Aus dem NGS wurde mit Hilfe eines gedämpften Newton–Verfahrens in jedem Iterationsschritt ein Lineares Gleichungssystem (LGS) erzeugt, welches jeweils durch eine Householdertransformation gelöst wurde [131]. Die Iteration wird abgebrochen, wenn die Änderung der gesuchten Parameter p_i eine vorgegebene Schranke unterschreiten. Für die numerische Lösung dieses Verfahrens wurde ein Programm in der Sprache Turbo–Pascal erstellt, welches auf einem Personalcomputer lauffähig ist.

Durch die nichtlineare Approximation der Modellfunktionen werden also die freien Parameter g_0 und I_S festgelegt (und zusätzlich die Parameter A bzw. γ, die hier aber nicht weiter interessieren). Die Genauigkeit hängt stark von der Meßgenauigkeit der Laserleistungsdichte und damit von der Justiergenauigkeit der Resonatorspiegel und der zeitlichen Konstanz der Leistungsdichteverteilung des Multimodes ab und von der Genauigkeit der Spiegeldaten (R und T). Außerdem wird davon ausgegangen, daß die Formeln 9.7 und 9.8 die Realität ausreichend genau wiedergeben.

Da diese Methode im wesentlichen lediglich den Aufbau eines Laserresonators erfordert, wird im folgenden Abschnitt nur der experimentelle Aufbau der Verstärkermethode erläutert.

9.2 Meßaufbau der Verstärkermethode

Als Diagnostiklaser wurde ein modifizierter kommerzieller CO_2-Hochleistungslaser (1,5 kW) mit HF-Anregung eingesetzt. Als Besonderheit war er mit einem adaptiven Endspiegel zur Beeinflussung des Lasermodes und einem veränderbaren Anpaßnetzwerk in Π-Schaltung zur Anpassung an unterschiedliche Lastbereiche ausgestattet. Damit konnte der Bereich, beginnend bei kleinen Laserleistungen P_L (einige Watt), entsprechend kleinen Laserleistungsdichten $I \ll I_S$, bis zu großen Laserleistungen (ca. 1300 W), entsprechend großen Laserleistungsdichten $I \approx I_S$, realisiert werden.

Der komlette Meßaufbau ist schematisch in Abbildung 9.1 dargestellt. Ein wassergekühltes Spiegelteleskop ($Sp1$ und $Sp2$) war so ausgelegt, daß der Diagnostikstrahl mit einem Durchmesser von ca. 11 mm durch den zentralen Bereich der Entladungsrohre ging. Damit der Strahl durch das Teleskop keinen Astigmatismus erfährt, muß für die (möglichst kleinen) Einfallswinkel α_i der beiden Spiegel Spi mit den Brennweiten f_i ($i \in 1,2$) gelten [132]

$$f_1 \cdot \alpha_1^2 = -f_2 \cdot \alpha_2^2 \,. \tag{9.10}$$

Das Vorzeichen berücksichtigt, daß f_2 negativ ist.

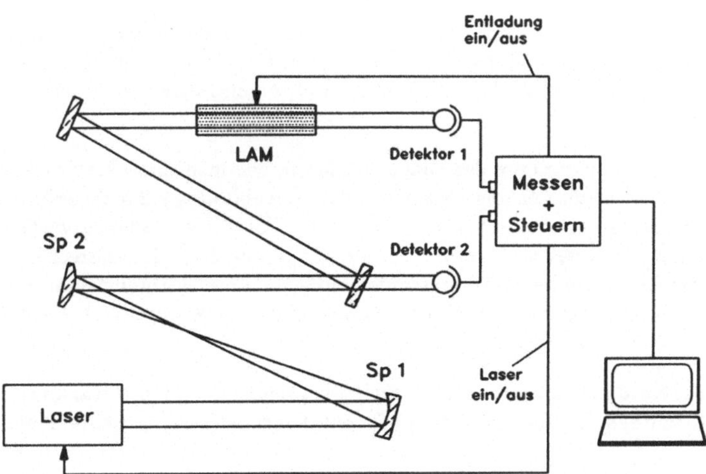

Abb. 9.1: Schematischer Aufbau für die Messung der Großsignalverstärkung nach der Verstärkermethode.

Aufgrund der im Gegensatz zum Diagnostiklaser in Kapitel 8 fehlenden aktiven Stabilisierung bzw. Leistungsregelung, mußte ein rechnergestütztes ratiometrisches Meßverfahren angewandt werden. Nur so kann die für die Auswertung nach Gleichung 9.5 benötigte Eingangsleistungsdichte I_0 (bzw. Eingangsleistung P_0) *während* die Entladung brennt (d.h. Verstärkung vorliegt) ermittelt werden. Dazu wird der Diagnostiklaserstrahl vor der Entladungsstrecke in einen Meßstrahl (Detektor 1) und einen Referenzstrahl (Detektor 2) aufgeteilt (siehe Abbildung 9.1). Bei ungezündeter Entladung wird der Faktor $F = P_1^{ohne}/P_2^{ohne} \approx P_0^{ohne}/P_2^{ohne}$ bestimmt (durch die Verwendung zweier antireflexbeschichteter Fenster mit $R < 0,5$ % pro Schicht beträgt der Fehler weniger als 2 %). Zum Zeitpunkt der Entladung ergibt sich dann $P_0 = F \cdot P$. Die Steuerung des Diagnostiklasers und der Gasentladung erfolgte mit Hilfe eines Rechnerprogramms, ebenso die Meßwertaufnahme. Dabei wurden während eines Meßzyklus (d.h. Leistung des Diagnostiklasers) mehrere Meßwerte intergriert und am Ende der Mittelwert für P/P_0 und $P - P_0$ ausgegeben. Die Auswertung der jeweiligen Meßreihe erfolgte dann nach dem in Abschnitt 9.1.1 beschriebenen Verfahren.

9.3 Meßergebnisse der Verstärkermethode

Die Messungen erfolgten an einzelnen Rohren mit rechteckförmigem Querschnitt, die auch für die Messungen in den Kapiteln 6 und 8 eingesetzt wurden. Dabei wurden der Einfluß von Strömungsgeschwindigkeit, Gasdruck und eingekoppelter HF–Leistung untersucht. Die Gasmischung blieb unverändert, und die Dicken der dielektrischen Schichten war wie in Kapitel 8 eingestellt.

Im folgenden werden die nach dem in Kapitel 9.1 geschilderten Verfahren ausgewerteten Messungen diskutiert. In Abbildung 9.2 ist zur Verdeutlichung beispielhaft die Abhängigkeit der $\ln P/P_0$–Werte über den $(P - P_0)$–Werten für einen Betriebszustand der Gasentladung dargestellt.

Um die Leistungsdichteverteilung des Diagnostiklasers wie in Kapitel 9.1 beschrieben zu berücksichtigen, werden aus der Regressionsgeraden in Abbildung 9.2 rechnerisch zwei verschiedene (P_0, P)–Paare auf dieser Geraden bestimmt. Aus diesen Eingangsgrößen (neben dem Laserstrahldurchmesser = 11 mm und der Länge der Entladungsstrecke = 20 cm) werden dann der Kleinsignalverstärkungskoeffizient g_0 und die Sättigungsintensität I_S iterativ berechnet. Eine ausführliche Erläuterung des Auswerteverfahrens ist in Anhang D.1 zu finden.

Um die trotz des ratiometrischen Verfahrens noch verbleibenden Meßschwankungen weiter zu reduzieren, wurden bei jeder Leistung P_0 des Diagnostiklasers mehrere Messungen durchgeführt. In Abbildung 9.2 sind neben den arithmetischen Mittelwerten (Kreise) auch die Einzelmeßwerte (Kreuze) eingezeichnet.

Eine qualitative Überprüfung der gemessenen Abhängigkeiten der maximal auskoppelbaren Laserleistung $P_L^{max} = g_0 \cdot I_S \cdot V$ (wobei $V = H \cdot B \cdot L_E$ das Volumen der Gasentladung bezeichnet), erfolgte über die Messung der tatsächlich ausgekoppelten Laserleistung P_L als Funktion dieser Betriebsparameter. Dazu wurde exemplarisch das Entladungsrohr mit der Querschnittsfläche $46 \cdot 46$ mm^2 mit einem Laserresonator ausgerüstet, der aus einem konkaven Endspiegel ($r = 10$ m, $R = 0,993$) und einem planen Auskoppelspiegel aufgebaut war.

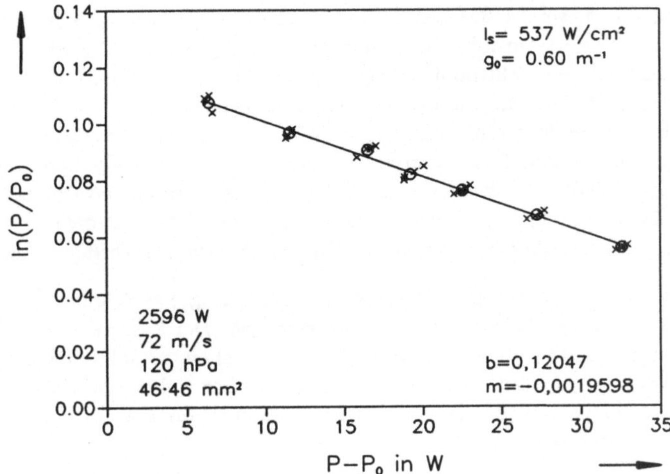

Abb. 9.2: Beispiel für das Auswerteprinzip der Messungen. Die angegebenen Ergebnisse sind noch unkorrigiert, d.h. die Leistungsdichteverteilung ist noch unberücksichtigt (m bezeichnet die Steigung und b den Achsabschnitt der Geraden).

9.3.1 Einfluß der Strömungsgeschwindigkeit

Für das Entladungsrohr mit den Innenmaßen $46 \cdot 46$ mm² ersieht man aus Abbildung 9.3, daß g_0 mit steigender Strömungsgeschwindigkeit v (d.h. sinkender Gastemperatur T) zunimmt, während I_S keine ausgeprägte Abhängigkeit zeigt.

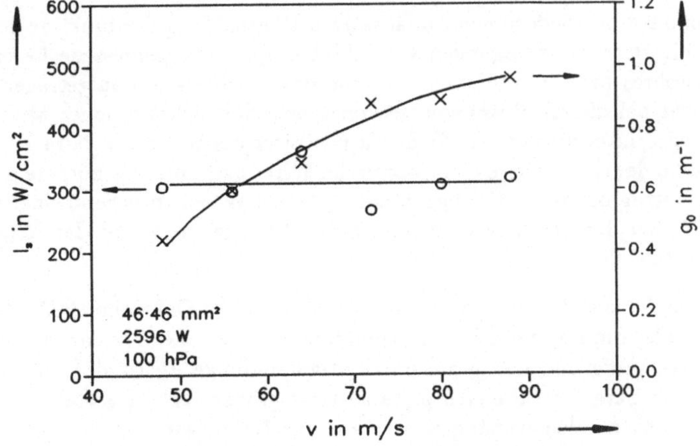

Abb. 9.3: Gemessene Sättigungsintensität I_S und Kleinsignalverstärkung g_0 als Funktion der Strömungsgeschwindigkeit v.

Berechnet man aus diesen Meßwerten die maximal auskoppelbare Laserleistung P_L^{max}, so sieht man, daß die Werte mit der Strömungsgeschwindigkeit v ansteigen (s. Abbildung 9.4). Berechnet man den elektrooptischen Wirkungsgrad η_{eo} (definiert als das Verhältnis von Laserleistung P_L zur elektrisch eingekoppelten Leistung P_{HF}), so findet man beispielsweise für v = 88 m/s den Wert $\eta_{eo} = 0,5$. Da der Quantenwirkungsgrad — als Obergrenze der experimentell erzielbaren Wirkungsgrade — für CO_2-Laser lediglich 0,43 beträgt, sind die erhaltenen Werte offensichtlich zu groß. Ein Grund ist, daß die gemessenen Werte für g_0 und I_S nicht auf das *gesamte* geometrische Volumen $V = H \cdot B \cdot L_E$ bezogen werden dürfen. Auf diesen Punkt wird später noch ausführlich eingegangen.

Zum Vergleich ist in Abbildung 9.5 für die Betriebsbedingungen von Abbildung 9.4 die *gemessene* Laserleistung als Funktion von v aufgetragen. Der Laserresonator war bei diesen Messungen mit einer resonatorinternen Blende versehen, so daß der Lasermode nicht das gesamte Volumen des Entladungsrohrs ausnutzte. Der elektrooptische Wirkungsgrad beträgt deshalb nur $\eta_{eo} \approx 0,05$. Die *qualitative* Übereinstimmung der Kurvenverläufe ist aber deutlich zu erkennen.

9.3.2 Einfluß des Gasdrucks

Für das Entladungsrohr mit den Innenmaßen $46 \cdot 46$ mm^2 ersieht man aus Abbildung 9.6, daß mit steigendem Gasdruck p der Kleinsignalverstärkungskoeffizient g_0 ab und die Sättigungsintensität I_S leicht zunimmt.

Berechnet man wie im voherigen Abschnitt auch aus diesen Meßwerten die maximal auskoppelbare Laserleistung P_L^{max}, so ergibt sich insgesamt ein mit dem Gasdruck p leicht abnehmender Verlauf (Abbildung 9.7). Für den Gasdruck p = 80 hPa erhält man, ähnlich wie im vorherigen Abschnitt, mit $\eta_{eo} = 0,5$ einen zu hohen elektrooptischen Wirkungsgrad, wenn man die gemessenen Werte für g_0 und I_S auf das *gesamte* geometrische Volumen bezieht.

In Abbildung 9.8 ist wiederum zur qualitativen Überprüfung der funktionalen Abhängigkeiten für die Betriebsbedingungen von Abbildung 9.7 die gemessene Laserleistung des Entladungsrohres ($46 \cdot 46$ mm^2) als Funktion des Gasdruckes p aufgetragen. Der Laserresonator war bei diesen Messungen so konzipiert, daß sich ein hoher Multimode ergab (*keine* resonatorinterne Blende). Dadurch resultiert der mit $\eta_{eo} = 0,14$ im Vergleich zu Abbildung 9.5 deutlich höhere elektrooptische Wirkungsgrad. Die höchste gemessene Laserleistung betrug bei dieser Konfiguration $P_L \approx 500$ W (entsprechend einer HF-Leistung von 3541 W bei den Betriebsbedingungen 100 hPa, 90 m/s und der Reflektivität des Auskopplers 0,97).

In Abbildung 9.9 sind Messungen in einem Rohr mit dem Querschnitt $25 \cdot 46$ mm^2 dargestellt. Auch hier nimmt, wie schon in Abbildung 9.6, I_S nahezu linear mit dem Gasdruck zu und g_0 ab. Aufgrund der geringeren Entladungslänge d_E ist der für eine homogene Entladung nutzbare Druckbereich p_{op} allerdings größer (vgl. Kapitel 6). Deshalb lassen sich die funktionalen Abhängigkeiten aus den Daten von Abbildung 9.9 mit höherer Zuverlässigkeit ermitteln, als dies für jene aus Abbildung 9.6 der Fall wäre.

Durch Logarithmieren der Meßwertepaare erhält man lineare Zusammenhänge, siehe Abbildung 9.10. Aus den Steigungen m der Regressionsgeraden ergeben sich die gesuchten

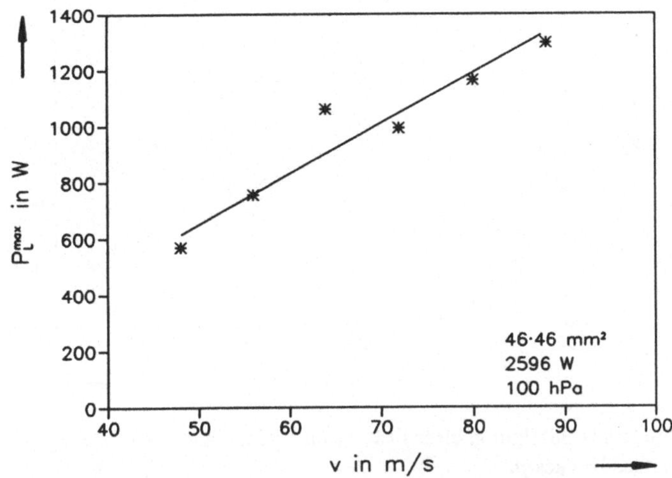

Abb. 9.4: Produkt aus gemessener Sättigungsintensität I_S, Kleinsignalverstärkung g_0 und Entladungsvolumen V ($P_L^{max} = g_0 I_S V$) als Funktion der Strömungsgeschwindigkeit v.

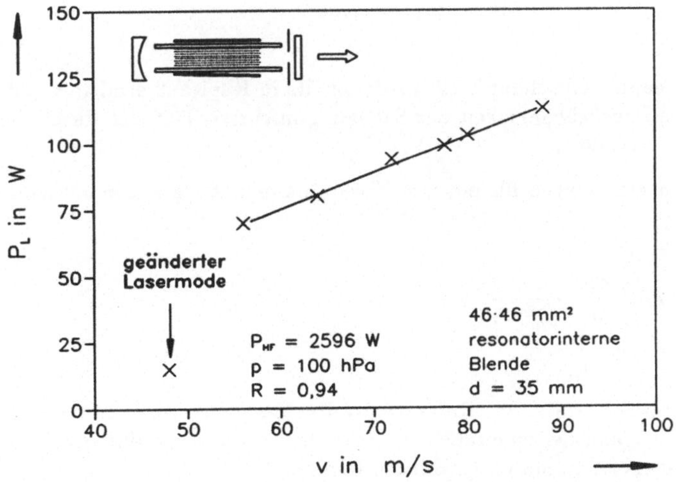

Abb. 9.5: Gemessene Laserleistung P_L als Funktion der Strömungsgeschwindigkeit v (resonatorinterne Blende, Betriebsparameter wie in Abbildung 9.4). Die funktionale Abhängigkeit entspricht qualitativ derjenigen in Abbildung 9.4.

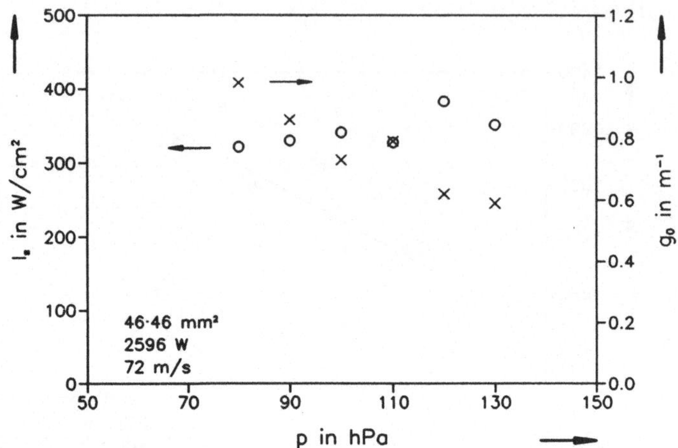

Abb. 9.6: Gemessene Sättigungsintensität I_S und Kleinsignalverstärkung g_0 als Funktion des Gasdruckes p.

Exponenten für den Gasdruck p. Damit findet man *näherungsweise* folgende empirische Beziehungen:

$$I_S \sim p \quad \text{und} \tag{9.11}$$

$$g_0 \sim \frac{1}{p} \quad \text{für} \quad p_{HF} = const. \tag{9.12}$$

Die Proportionalität Gleichung 9.12 wurde bereits in Kapitel 8 ermittelt und diskutiert. Die gemessene Druckabhängigkeit der Sättigungsintensität läßt sich durch die folgenden Überlegungen verstehen.

Aus den Bilanzgleichungen für einen 2–Niveau Laser mit Gasströmung wird in [3, 133] die Beziehung

$$I_S = \frac{h\nu}{\sigma} \cdot \frac{1}{\frac{\tau_o \tau_v}{\tau_o + \tau_v} + \frac{\tau_u \tau_v}{\tau_u + \tau_v}} \tag{9.13}$$

hergeleitet, mit $h\nu$: Photonenenergie des Laserübergangs, σ: Wirkungsquerschnitt für stimulierte Emission und τ_o, τ_u: Relaxationszeiten des oberen bzw. unteren Laserniveaus (bei Vernachlässigung der spontanen Emission im wesentlichen durch Stöße bestimmt). Zwei Grenzfälle können nun unterschieden werden.

Für den Fall niedriger Strömungsgeschwindigkeiten, $\tau_v \gg \tau_o, \tau_u$, und unter Berücksichtigung von $\tau_o \gg \tau_u$ was immer gegeben ist [134] vereinfacht sich Gleichung 9.13 zu

$$I_S = \frac{h\nu}{2\sigma\tau_o}. \tag{9.14}$$

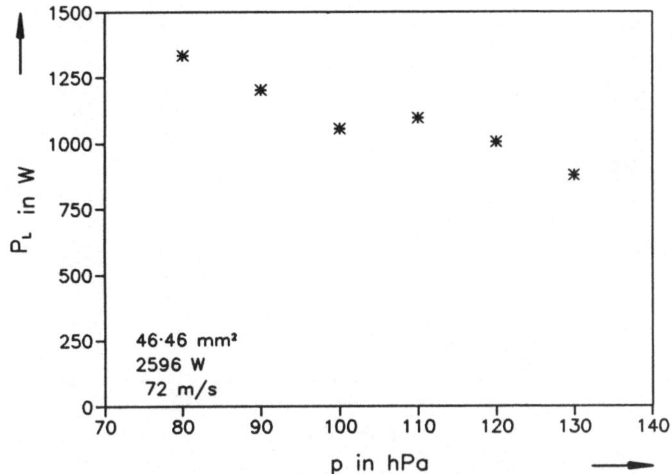

Abb. 9.7: Produkt aus gemessener Sättigungsintensität I_S, Kleinsignalverstärkung g_0 und Entladungsvolumen V ($P_L^{max} = g_0 I_S V$) als Funktion des Gasdrucks p.

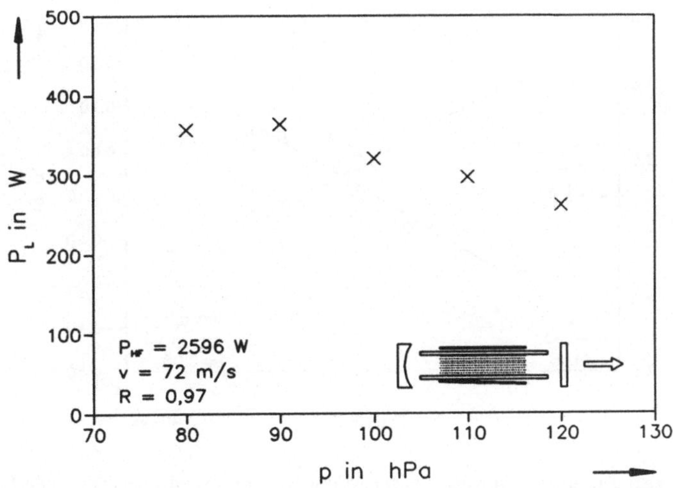

Abb. 9.8: Gemessene Laserleistung P_L als Funktion des Gasdrucks p (Betriebsparameter wie in Abbildung 9.7). Die funktionale Abhängigkeit entspricht qualitativ derjenigen in Abbildung9.7.

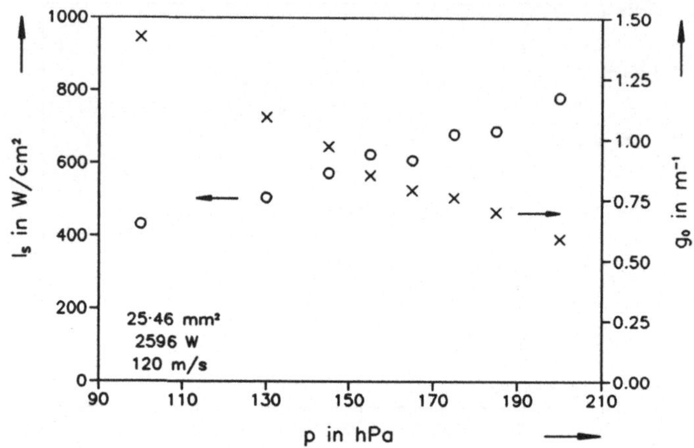

Abb. 9.9: Gemessene Sättigungsintensität I_S und Kleinsignalverstärkung g_0 als Funktion des Gasdruckes p.

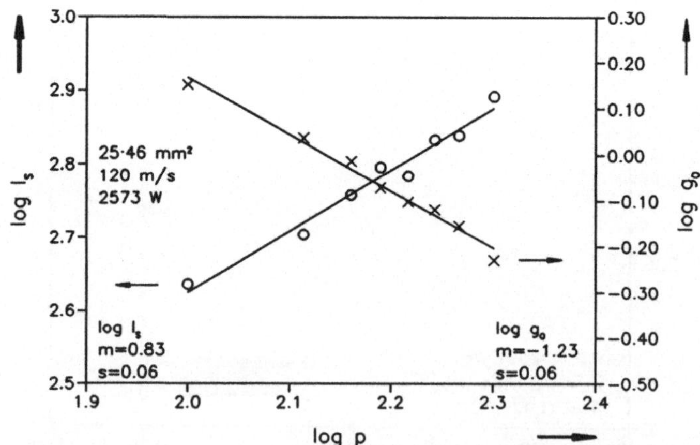

Abb. 9.10: Logarithmische Darstellung der Meßwerte aus Abbildung 9.9. Die Exponenten von $I_S \sim p^m$ und $g_0 \sim p^m$ ergeben sich dann aus den Steigungen m der Regressionsgeraden. Die Achsabschnitte sind mit b bezeichnet und r ist der Korrelationskoeffizient.

Die Druckabhängigkeiten der Größen σ und τ_o lassen sich wie folgt abschätzen. Aus Gleichung 8.10 und Gleichung C.1, Anhang C, ergibt sich

$$\sigma \sim \frac{\sqrt{T}}{p}. \tag{9.15}$$

Die Stoßrelaxationsrate τ_o des oberen Laserniveaus ist hingegen von der Dichte der Gasteilchen n und der Elektronen n_e abhängig. Für die entsprechenden Relaxationskoeffizienten gilt [135] $k_{o,n} \sim n$ bzw. $k_{o,e} \sim n_e$. Für die gesamte Relaxationsrate aufgrund von Stoßprozessen ergibt sich $\tau_o = 1/k_o \sim 1/(n + const \cdot n_e)$. Für den Fall $n_e/n = const$ (d.h. konstanter Ionisationsgrad) folgt schließlich $\tau_o \sim 1/n$ und mit Gleichung 9.15 ergibt sich aus Gleichung 9.14

$$I_S \sim p^2 \qquad \text{für} \qquad T = const \quad \text{und} \quad \frac{n_e}{n} = const\,. \tag{9.16}$$

Für den Fall hoher Strömungsgeschwindigkeiten, $\tau_v \ll \tau_o, \tau_u$, vereinfacht sich Gleichung 9.13 zu

$$I_S = \frac{h\nu}{2\sigma\tau_v}, \tag{9.17}$$

und wegen $\sigma \sim 1/p$ folgt (für konstante Temperatur)

$$I_S \sim \frac{p}{\tau_v}. \tag{9.18}$$

Nimmt man nun nach [134] für das obere Laserniveau eine Lebensdauer von einigen Millisekunden und für das untere eine Lebensdauer von einigen Mikrosekunden an (bei Partialdrücken von 4,8 mbar CO_2, 19 mbar N_2 und 76,2 mbar He, entsprechend dem verwendeten Mischungsverhältnis von He:N_2:CO_2=16:4:1 und einem Gesamtdruck von 100 mbar; der He Partialdruck entleert im wesentlichen nur das untere Laserniveau), so sind die Voraussetzungen für Gleichung 9.17 nicht erfüllt, da $\tau_o \approx \tau_v$. Für den Gasdruck in Gleichung 9.16 bzw. 9.18 kann daher in dem hier betrachteten Fall ein Exponent zwischen eins und zwei als wahrscheinlich gelten.

Die für die Herleitung der Beziehung 9.16 notwendigen Voraussetzungen — $T = const$ und $n_e/n = const$ — sind für die Betriebsbedingungen in Abbildung 9.9 bzw. 9.10 nicht gegeben, da mit steigendem Gasdruck und sonst konstanten Betriebsparametern die Gastemperatur und die Elektronendichte (s. Abbildung 8.16) abnehmen. Versucht man, die Konstanz beider Werte durch eine mit dem Druck proportionale Steigerung der HF-Leistungsdichte zu gewährleisten, so ersieht man aus Abbildung 9.11, daß sich dann die reduzierte Feldstärke und damit auch die jeweiligen Ratenkoeffizienten der Elektronenstoßprozesse mit dem Druck ändern. Die den theoretischen Betrachtungen zugrunde liegenden elektrophysikalischen Bedingungen sind also experimentell nicht realisierbar. Deshalb wird die Änderung der Elektronendichte mit dem Druck in der folgenden Überlegung mitberücksichtigt.

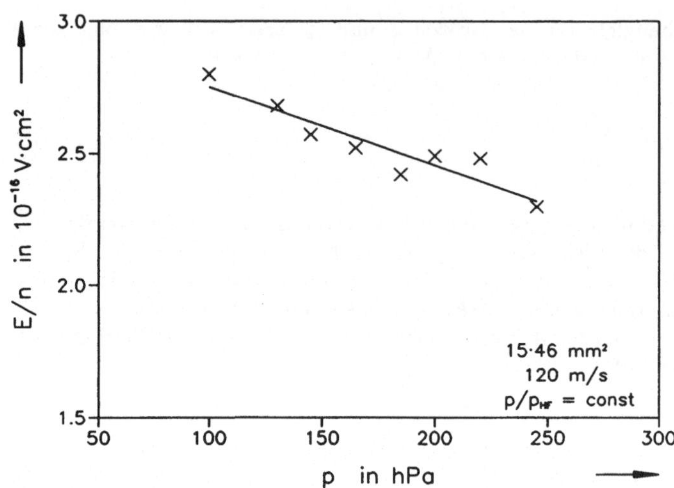

Abb. 9.11: Reduzierte Feldstärke E/n als Funktion des Gasdruckes p. Durch Erhöhen der HF-Leistung proportional mit dem Druck wurde der Quotient p/p_{HF} näherungsweise konstant gehalten.

In [129] wurde theoretisch eine lineare Abhängigkeit für I_S von n_e ermittelt. Wie im folgenden Abschnitt gezeigt wird, wurde experimentell ebenfalls eine näherungsweise lineare Abhängigkeit der Sättigungsintensität von der eingekoppelten HF-Leistung gefunden. Da die Elektronendichte mit steigender Leistung anwächst (s. Abbildung 6.20), bestätigt diese Arbeit den Zusammenhang $I_S \sim n_e$. Weiterhin gilt hier nach Gleichung 8.7 bzw. Abbildung 8.16 $n_e \sim 1/p$ (für $T \approx const$). Verknüpft man dies mit den obigen Betrachtungen, so ergibt sich für den hier untersuchten Parameterbereich

$$I_S \sim p^{1+k} \cdot n_e \sim p^k \tag{9.19}$$

mit einem Wert von k, der zwischen 0 und 1 liegt. Damit ist das experimentelle Ergebnis qualitativ durch abgesicherte physikalische Zusammenhänge erklärt.

9.3.3 Einfluß der HF-Leistung

Wie in Abbildung 9.12 zu sehen ist, nimmt I_S nahezu linear mit der eingekoppelten elektrischen Leistung P_{HF} zu, während g_0 nahezu konstant ist. Ein Vergleich mit Abbildung 9.13 — hier wurden die Strömungsgeschwindigkeit v und der Gasdruck p erhöht — zeigt, daß sich bei erhöhtem Massenstrom das Maximum des Kleinsignalverstärkungskoeffizienten g_0 zu höheren P_{HF} verschiebt. Dieser Effekt wurde bereits in Kapitel 8 diskutiert.

Trägt man die g_0- bzw. I_S-Werte für alle drei Entladungsrohrquerschnitte in gemeinsame Schaubilder ein, so liegen die Meßwerte als Funktion der HF-Leistungsdichte p_{HF} näherungsweise alle auf gemeinsamen Kurven (Abbildung 9.14 und 9.15). Daraus folgt, daß sich für alle drei Rohre, unabhängig von der Querschnittsfläche, bei gleichen HF-Leistungsdichten p_{HF} auch die gleichen g_0- und I_S-Werte ergeben. Dieses Ergebnis

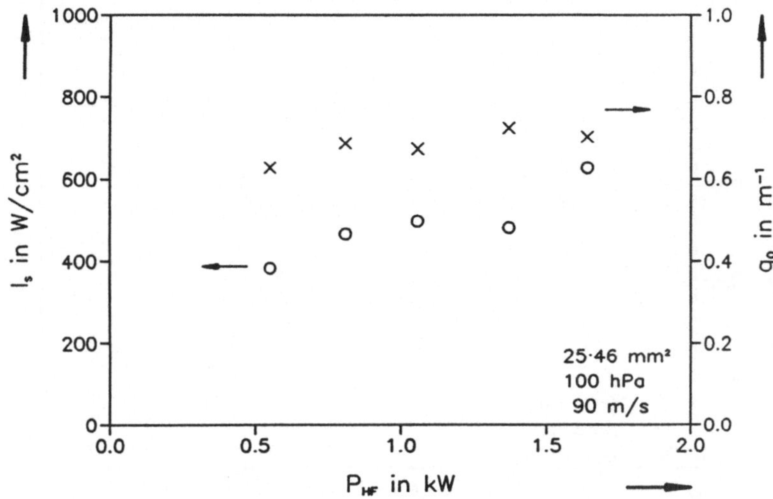

Abb. 9.12: Gemessene Sättigungsintensität I_S und Kleinsignalverstärkung g_0 als Funktion der eingekoppelten HF–Leistung P_{HF}.

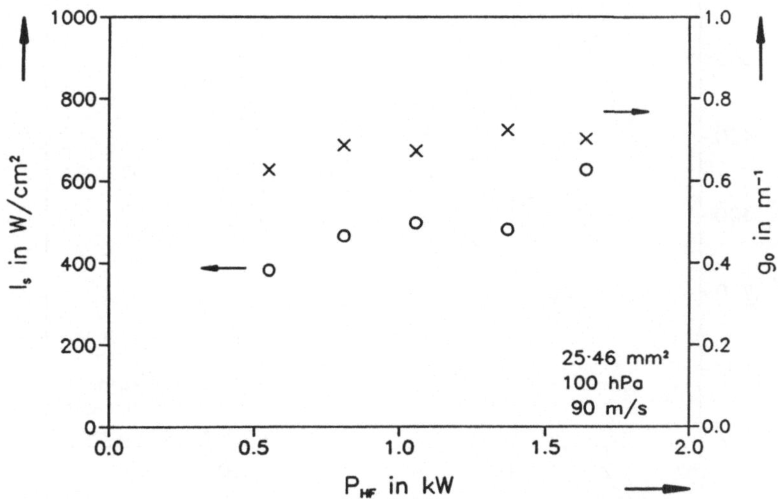

Abb. 9.13: Wie Abbildung 9.12, aber höhere Strömungsgeschwindigkeit und höherer Gasdruck.

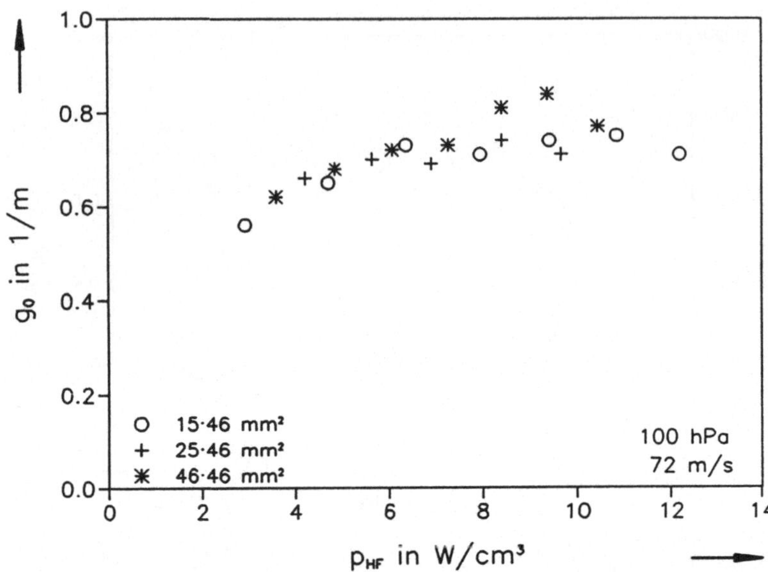

Abb. 9.14: Gemessene Kleinsignalverstärkung g_0 als Funktion der eingekoppelten HF-Leistungsdichte p_{HF} für drei unterschiedliche Entladungsrohrquerschnitte.

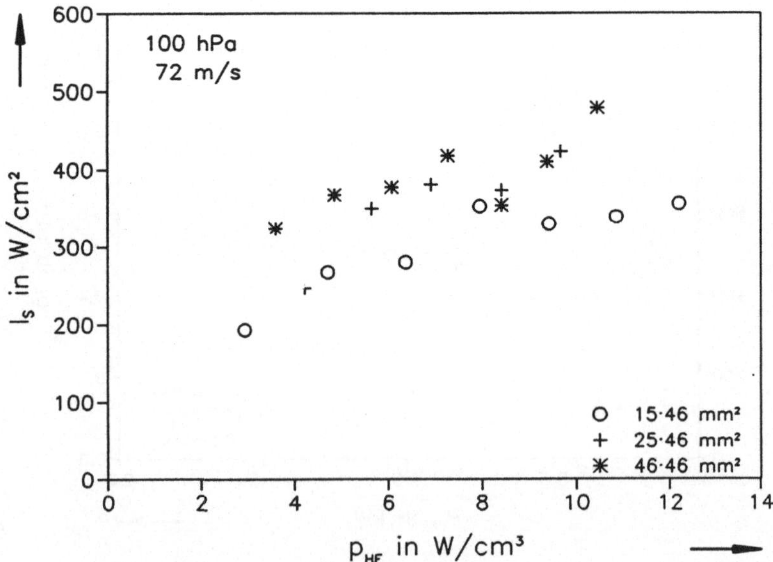

Abb. 9.15: Gemessene Sättigungsintensität I_S als Funktion der eingekoppelten HF-Leistungsdichte p_{HF} für drei unterschiedliche Entladungsrohrquerschnitte.

stimmt mit dem in Kapitel 8 gefundenen überein, wenn man sich auf den Mittenbereich der dort erhaltenen g_0–Profile beschränkt. Wie dort festgestellt wurde, treten aufgrund des unterschiedlichen Entladungsverhaltens der Rohre (s. auch Kapitel 6) im Wandbereich Abweichungen auf. Je nach Gasdruck p können diese Unterschiede zwischen den verschiedenen Entladungsrohren erheblich sein. Vergleichbare Werte stellen sich nur ein, wenn der Gasdruck so gewählt wird, daß sich für alle zu vergleichenden Rohre *homogene* Entladungsbedingungen ergeben.

9.4 Überprüfung der Meßergebnisse mit Hilfe der Resonatormethode

Wie bereits erwähnt, ergeben sich aus den nach der Verstärkermethode ermittelten Werten für den Kleinsignalverstärkungskoeffizient g_0 und die Sättigungsintensität I_S bezogen auf das gesamte Volumen der HF–Entladung elektrooptische Wirkungsgrade η_{eo}, die größer sind als der Quantenwirkungsgrad des CO_2–Laserübergangs. Um diese Unstimmigkeit zu untersuchen, wurden die Laserparameter I_S und g_0 mit der am Anfang dieses Kapitels beschriebenen Resonatormethode ermittelt (Rohrquerschnitt: $46 \cdot 46$ mm^2, Gasdruck: 100 hPa, mittlere Strömungsgeschwindigkeit: 72 m/s, elektrische Leistungsdichte: 6,1 W/cm^3).

In Abbildung 9.16 sind die mit vier verschiedenen Laserauskoppelspiegeln gemessenen Laserleistungsdichten zu sehen. Ebenfalls eingezeichnet sind die durch nichtlineare Approximation an die Meßwerte angepaßten theoretischen Kurven nach Rigrod [130] bzw. Hügel [67]. Die Laserparameter ergeben sich daraus zu $g_0 = 0.67$ m^{-1} und $I_S = 340$ W/cm^2 und stimmen mit den Werten in Abbildung 9.6 ($P_{HF} = 2,6$ kW entspricht $p_{HF} = 6.1$ W/cm^3) gut überein.

Für die maximal auskoppelbare Laserleistung $P_L^{max} = g_0 \cdot I_S \cdot V$ errechnet man aus den Ergebnissen der Abbildung 9.16 den Wert $P_L = 0,67 \cdot 10^{-2}$/cm·340 W/cm$^2 \cdot (4,6$ cm$^2 \cdot$ 20 cm=964 W (im Vergleich zu etwa 1100 W in Abbildung 9.7). Daraus resultiert rein *rechnerisch* ein elektrooptischer Wirkungsgrad η_{eo} = 964 W/2596 W$\approx$ 0,48. Da der Quantenwirkungsgrad η_Q des 10P20–Übergangs des CO_2–Lasers nur ca. 0,43 beträgt, können die ermittelten Laserparameter g_0 und I_S *nicht* über das *gesamte* geometrische Entladungsvolumen diese hohen Werte haben. Darauf deutet auch die mit einer externen Blende (Durchmesser: 30 mm, zentrisch zur Strahlachse) in Abbildung 9.16 gemessene maximale Laserleistungsdichte von ca. 24 W/cm^2 hin. Auf den gesamten Rohrquerschnitt übertragen entspräche dies einer Laserleistung von ca. 500 W (entspricht $\eta_{eo} \approx 0,193$). Tatsächlich wurde bei diesen Betriebsparametern (100 hPa, 72 m/s und 2596 W HF–Leistung) *ohne* externe Blende nur eine Laserleistung von ca. 326 W gemessen (entspricht $\eta_{eo} \approx 0,125$; Transmissionsgrad des Auskoppelspiegels: ca. 0,03).

Beim Vergleich der aus den Meßwerten von Abbildung 9.7 *berechneten* maximal auskoppelbaren Laserleistung $P_L^{max} = g_0 \cdot I_S \cdot L_E$ und der tatsächlich *gemessenen* Laserleistung in Abbildung 9.8 muß außerdem noch der Resonatorwirkungsgrad $\eta_R = I_a/(g_0 \cdot I_S \cdot V)$ berücksichtigt werden. Dieser läßt sich aus den Ergebnissen von Abbildung 9.16 bestimmen zu $\eta_R = 24\,\mathrm{W/cm^2}/(0,67 \cdot 10^{-2}\,\mathrm{cm^{-1}} \cdot 20\,\mathrm{cm} \cdot 340\,\mathrm{W/cm^2}) \approx 0.5$. Damit errechnet sich aus der gemessenen Laserleistung P_L für $p = 100$ hPa aus Abbildung 9.8 ($T = 0.03$) eine maximal auskoppelbare Laserleistung $P_L^{max} = P_L/\eta_R = 326$ W/0,5 = 652 W. Überträgt man

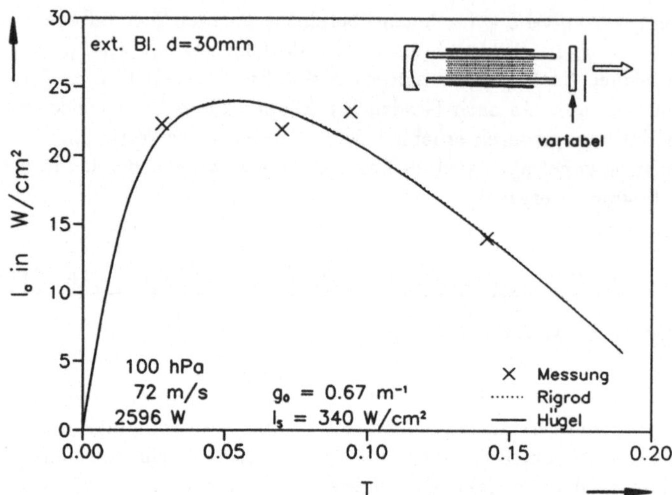

Abb. 9.16: Laserleistungsdichte I_a als Funktion des Transmissionsgrades T des Auskoppelspiegels für ein einzelnes Entladungsrohr ($46 \cdot 46$ mm^2).

wie oben bereits erläutert die Messungen von Abbildung 9.7 und Abbildung 9.16 auf das gesamte Volumen der Entladung, so ergeben sich um den Faktor 1100 W/625 W= 1,69 bzw. $0,67 \cdot 10^{-2}$ cm$^{-1} \cdot 20$ cm$\cdot(4,6$ cm$)^2 \cdot 340$ W/cm^2/625 W= 1,48 höhere Werte. Die sich daraus ergebenden Konsequenzen werden im folgenden Abschnitt diskutiert.

9.5 Überblick der wichtigsten Ergebnisse

Wie bereits ausführlich erläutert, stimmen die Ergebnisse aus den Messungen nach der Verstärker- und der Resonatormethode gut überein ($g_0 = 0,7$/m bzw. 0,67/m und $I_S =$ 350 W/cm^2 bzw. 340 W/cm^2). Damit sind auch die *volumenspezifischen*, das *LAM* charakterisierenden Daten $g_0 \cdot I_S$, die aus den beiden unterschiedlichen Messungen jeweils im Bereich um die Entladungsachse ermittelt wurden, die gleichen.

Wie die Untersuchungen zur Entladungshomogenität und die Messungen der g_0-Profile deutlich gezeigt haben, liegen innerhalb des gesamten Entladungsvolumen zum Teil erheblich unterschiedliche Zustände vor. Lokal ermittelte Laserleistungsdichten $p_L = g_0 \cdot I_S$ dürfen deshalb für die Skalierung der Laserleistung nicht einfach auf das gesamte Volumen übertragen werden.

Die Auswertung der Messungen der Großsignalverstärkung nach der Verstärkermethode ergab im untersuchten Parameterbereich die folgenden Ergebnisse:

1. Bei der Auswertung der Meßergebnisse nach der Verstärkermethode wurde die Leistungsdichteverteilung des Probenlasers im *LAM* berücksichtigt. Die so ermittelten Werte für g_0 und I_S stimmen mit jenen aus der Resonatormessung gut überein.

2. Ein signifikanter Einfluß der Strömungsgeschwindigkeit v auf I_S konnte nicht festgestellt werden. Da aber die Kleinsignalverstärkung mit der Strömungsgeschwindigkeit v zunimmt, ergibt sich insgesamt auch eine zunehmende Laserleistung.

3. Mit Zunahme des Gasdrucks p (und konstanter HF-Leistungsdichte) nimmt die Sättigungsintensität I_S ungefähr linear zu. Hingegen nimmt g_0 näherungsweise invers proportional mit dem Gasdruck p ab. Ursache ist jeweils die $1/p$-Abhängigkeit der Elektronendichte. Durch die zusätzliche Abhängigkeit der Entladungshomogenität vom Gasdruck p resultiert insgesamt ein Laserleistungsmaximum bei einem optimalen Gasdruck.

4. Ebenso nimmt I_S mit der eingekoppelten Leistungsdichte p_{HF} linear zu. Ursache ist hier die mit p_{HF} zunehmende Elektronendichte. Für g_0 ergibt sich ein von der Strömungsgeschwindigkeit v und dem Gasdruck p abhängiges Maximum. Daraus resultiert ebenfalls ein Laserleistungsmaximum für eine optimale HF-Leistungsdichte.

5. Das *qualitative* Verhalten der aus obigen Messungen berechenbaren volumenspezifischen Größe $g_0 \cdot I_S$ konnte durch Laserleistungsmessungen als Funktion der Betriebsparameter bestätigt werden.

6. Vergleicht man die I_S-Werte für verschiedene Entladungsrohrquerschnitte bei gleichen HF-Leistungsdichten, so sind diese in einem Bereich nahe der Rohrachse näherungsweise gleich. Voraussetzung ist, daß der Gasdruck in diesen Rohren jeweils eine filamentfreie Entladung ermöglicht.

7. Die Aussagen von Punkt 6 treffen in entsprechender Weise auch für die g_0-Werte zu.

Da sich die Entladunghomogenität mit der Länge d_E ändert und innerhalb des Volumens der Entladung zum Teil sehr unterschiedliche laserkinetische Zustände vorliegen, ist eine Skalierung der Laserleistung über das Volumen mittels der volumenspezifischen, das LAM charakterisierenden Größe $g_0 \cdot I_S$ nicht in einfacher Weise möglich.

10 Zusammenfassung

In der Fertigungstechnik wurden in jüngster Zeit Bearbeitungsverfahren für Laserstrahlung entwickelt, die bei Erhöhung der Leistungsdichten am Werkstück eine weitere Steigerung der Prozesseffizienz verbunden mit Zeit- und Kostenersparnissen erwarten lassen. Um das Potential für eine Skalierung zu höchsten Laserleistungen bei unvermindert guter Strahlqualität auszuloten, wurden die Optimierungsmöglichkeiten schnell längsgeströmter HF-Gasentladungen untersucht.

Zu Beginn erfolgten Analysen des HF-Verhaltens der gesamten Entladungsanordnung mit dem Ziel, ein optimiertes Zündverhalten bei gleichzeitiger Leistungsanpassung zu ermöglichen. Dazu wurden erweiterte elektrische Ersatzschaltbilder von Anpaßnetzwerk und Entladungskonfiguration erstellt, die sich sehr eng an den realen elektrischen Bauteilen orientieren und deshalb eine eingehende rechnerische Analyse der Einflüsse dieser Bauteile ermöglichen. Im ungezündeten Zustand können dabei niederohmige (serielle) Resonanzen der Eingangsimpedanz mit entsprechenden Resonanzen der Elektrodenspannung korreliert werden. Damit die Entladung zuverlässig zündet, muß diese Resonanz in der Nähe der Betriebsfrequenz liegen. Dies kann durch entsprechende Dimensionierung der elektrischen Bauteile erfolgen, wie am Beispiel der Längsinduktivität des verwendeten Π-Anpaßnetzwerkes demonstriert wurde. Die Messung der Eingangsimpedanz bietet darüber hinaus in der Praxis eine gute Möglichkeit, die korrekte Einstellung des Anpaßnetzwerkes für eine zuverlässige Zündung rasch zu bestimmen.

Basierend auf diesen elektrischen Schaltbildern wurde ein Verfahren entwickelt, welches mit Hilfe eines Netzwerkanalyseprogramms den Fall der Leistungsanpassung rechnerisch simuliert. Die gesuchte Entladungsimpedanz — bestehend aus Plasmawiderstand und Grenzschichtkapazität — ist gefunden, wenn diese die hochohmige (parallele) Impedanzresonanz auf die Betriebsfrequenz schiebt und auf $50\,\Omega$ reel (Phase= $0°$) bedämpft. Auf diese Weise wurde die Entladungsimpedanz eines realen Lasers, der aus acht elektrisch gekoppelten Entladungsröhren besteht, ermittelt. Das Ergebnis stimmt gut mit den Messungen des Plasmawiderstands an einem einzelnen Entladungsrohr überein. Die Messungen am einzelnen Rohr erfolgten mittels Leitungsreflektometer bzw. Strom- und Leistungsmessungen. Dabei zeigte es sich, daß der Plasmawiderstand näherungsweise umgekehrt proportional der eingekoppelten HF-Leistung ist, ähnlich wie bei der positiven Säule der Glimmentladung. Der spezifische Widerstand ist in Rohren mit unterschiedlichen Abmessungen in Feldrichtungen konstant und damit von der Geometrie unabhängig. Daraus läßt sich auf einfache Weise der Plasmawiderstand in jedem gewünschten Rohrquerschnitt bestimmen, was für die Auslegung der Anpaßnetzwerke sehr hilfreich ist.

Aus den Impedanzmessungen konnten die *Invarianten* für die Filamentierungsgrenzen in Rohren mit unterschiedlichen Querschnitten gefunden werden. Im Rahmen der Stabilitätsuntersuchungen hatte es sich gezeigt, daß die kritische HF-Leistungsdichte nur unter zwei Bedingungen mit wachsender Entladungslänge d_E in Feldrichtung konstant bleibt, erstens der Gasdruck p muß im gleichen Verhältnis abnehmen ($p \cdot d_E = const$) und zweitens, die *effektive* Dicke d_{Di} der dielektrischen Schicht muß im gleichen Verhältnis zunehmen ($d_E/d_{Di} = const$). Ihnen liegen die Beziehungen zugrunde, daß $E/n = const$ und $n_e/d_E = const$ sein müssen. Durch die Erfüllung dieser Bedingungen wird sichergestellt, daß die Invarianten E/n und n_e/d_E in Entladungen mit unterschiedlichen Ausdehnungen in Feldrichtung die gleichen Werte haben, d.h. daß die Entladungen *ähnlich* sind. Soll hingegen der Druck mit steigendem d_E konstant gehalten werden, so muß gegebenenfalls zur Vermeidung von Filamenten die Strömungsgeschwindigkeit erhöht werden.

Die interferometrischen Messungen des Einflusses der Entladung auf die Wellenfront eines durchlaufenden Laserstrahls zeigen starke Deformationen seiner Phase bei inhomogenen Entladungen. Die dreidimensionale Darstellung der Wellenfront läßt eine deutliche Korrelation zwischen Leuchtdichteverteilung und Phasenverteilung erkennen. Dabei eilt die Phase in Bereichen hoher Leuchtdichte vor. Ursache ist die in diesen Bereichen geringere Gasdichte aufgrund der höheren Temperatur, was Schlüsse auf eine offenbar dort erhöhte HF-Leistungsdichte zuläßt.

Bei der Messung der Kleinsignalverstärkungsprofile zeigte es sich, daß in Rohren mit unterschiedlichen Längen d_E die Kleinsignalverstärkung g_0 nur für einen begrenzten Bereich in der Nähe der Rohrachse konstant ist. Die Entladungsskalierung $p \cdot d_E = const$ impliziert, daß bei gleichen Drücken p und unterschiedlichen Rohrdimensionen d_E die Leistungsdichteverteilung über den Querschnitten und damit die g_0-Profile sehr unterschiedlich sind. Mit zunehmender Strömungsgeschwindigkeit verschieben sich die g_0-Profile parallel zu höheren Werten, so daß die relative Änderung über dem Querschnitt abnimmt. Dies kann erklärt werden durch die entsprechend niedrigere Gastemperatur aufgrund des zunehmenden Massenstroms. Soll die über der Querschnittfläche integrierte mittlere Kleinsignalverstärkung näherungsweise konstant bleiben, muß mit zunehmendem Rohrquerschnitt auch die Strömungsgeschwindigkeit erhöht werden. Dies hat zur Folge, daß sich der erforderliche Volumen(bzw. Massen-)strom mehr als dem Verhältnis der Querschnittsflächen entsprechend vergrößert. Die inverse Druckabhängigkeit der Kleinsignalverstärkung konnte mit der Elektronendichte korreliert werden, indem die g_0-Profile über dem Querschnitt integriert und mit den ausgewerteten (ebenfalls integralen) Plasmaimpedanzmessungen verglichen wurden. Ordnet man nun den g_0-Profilen entsprechende Elektronendichteprofile zu, so stimmen diese qualitativ mit den jeweiligen Leuchtdichteverteilungen über dem Querschnitt überein. Bezieht man noch die Ergebnisse der interferometrischen Untersuchungen ein, so führt insgesamt eine inhomogene Leuchtdichteverteilung qualitativ zu entsprechend ausgeprägten g_0-Profilen *und* erheblichen Deformationen der Wellenfront.

Bei der Interpretation der g_0-Werte ist zu beachten, daß meßtechnisch eine Integration von $g(z)$ in z-Richtung (Strömungsrichtung) erfolgt. Deshalb geben die auf die Elektrodenlänge $L_E = 20$ cm bezogenen g_0-Werte lediglich Mittelwerte an. Diese fiktiven Werte berücksichtigen nicht die tatsächliche Länge des laseraktiven Mediums in Strömungsrichtung und beinhalten somit noch die speziellen Eigenschaften der Entladungseinheit.

Ähnlich wie bei der Kleinsignalverstärkung wurden auch für die Sättigungsintensität I_S im achsnahen Bereich für unterschiedliche Entladungslängen in Feldrichtung bei konstanten Betriebsparametern näherungsweise konstante Werte gemessen. Dabei wurde in einem numerischen Auswerteverfahren der Einfluß der Leistungsdichteverteilung des Probestrahls auf die Verstärkung durch das laseraktive Medium berücksichtigt. Ein exemplarischer Vergleich mit der Resonatormethode bestätigte diese mittels Verstärkermethode gefundenen Werte. Während kein signifikanter Einfluß der Strömungsgeschwindigkeit auf I_S festgestellt werden konnte, ergaben sich nahezu lineare Abhängigkeiten bezüglich der HF-Leistungsdichte und des inversen Gasdrucks (die übrigen Parameter waren jeweils konstant). Die Druckabhängigkeit der Sättigungsintensität läßt sich mit der Proportionalität zum Produkt aus Linienbreite, Relaxationsrate des oberen Laserniveaus und der

Elektronendichte erklären. Da die ersten beiden Faktoren proportional zum Gasdruck sind, der letzte hingegen umgekehrt proportional zum Gasdruck ist, resultiert insgesamt für die Sättigungsintensität eine lineare Abhängigkeit vom Gasdruck.

Schätzt man aus den g_0– bzw. I_S–Messungen die maximal auskoppelbare Laserleistung $P_L^{max} = g_0 \cdot I_S \cdot V$ ab, so liegen die Werte deutlich höher, als die mit Hilfe eines Versuchsresonators bei identischen Bedingungen tatsächlich aus einem Entladungsrohr ausgekoppelte Leistung. Gestützt auf die g_0–Profilmessungen läßt sich daraus schließen, daß die im achsnahen Bereich gemessenen Werte nicht für das gesamte angeregte Volumen gelten. Insbesondere im Bereich der fluidmechanischen und elektrophysikalischen Grenzschichten liegen deutlich andere Verhältnisse vor.

Bei zunehmender Entladungslänge in Feldrichtung begrenzt die damit abnehmende Entladungshomogenität die volumetrische Skalierbarkeit der Laserleistung. Diese Einschränkung wird mit zunehmender Strömungsgeschwindigkeit weniger signifikant. Dafür ist allerdings eine stärkere Zunahme des Volumen(bzw. Massen)stroms erforderlich, als es dem Verhältnis der Querschnittsflächen entspricht.

Mit den im Rahmen dieser Arbeit entwickelten Methoden wurden somit die Optimierungsmöglichkeiten für HF-angeregte CO_2–Laser eingehend analysiert, beginnend bei der Anpassung des HF-Generators an den Laser, über die Skalierung des Entladungsverhaltens und dessen Einfluß auf die Phasenfront eines Strahlungsfeldes, bis hin zur Charakterisierung und Skalierung der Eigenschaften des laseraktiven Mediums durch die volumenspezifische Größe $g_0 \cdot I_S$. Durch ein neuartiges Verfahren, welches das HF-Verhalten von Anpaßnetzwerk und Laser mit Hilfe eines eng an den realen Bauteilen orientierten elektrischen Modells simuliert, wurde das Zündverhalten unter Berücksichtigung der Leistungsanpassung optimiert. Durch das Modell können außerdem die in den Zuleitungen und Bauteilen auftretenden elektrischen Verluste berücksichtigt werden. Aus den Untersuchungen zur Entladungshomogenität ließen sich erstmals experimentell Beziehungen für die Filamentierungsgrenze als Funktion von d_E herleiten, die durch die Ergebnisse der Impedanzmessungen zu Skalierungsbeziehungen für ähnliche HF-Entladungen in schnellen Gasströmungen verallgemeinert werden konnten. Das zugrunde liegende Entladungsverhalten wirkt sich über eine enge Korrelation auch unmittelbar auf die optische Deformation der Phasenfront eines Strahlungsfeldes und die räumliche Verteilung der Verstärkungseigenschaften aus. Letztere konnte im wesentlichen zurückgeführt werden auf die experimentell ermittelte umgekehrte Proportionalität der Elektronendichte zur Gasdichte. Durch rechnerische Berücksichtigung der Leistungsdichteverteilung des Probenstrahls im laseraktiven Volumen wurde gute Übereinstimmung der gemessenen I_S–Werte nach der Verstärker- und der Resonatormethode erzielt.

Mit den im Rahmen dieser Arbeit gefundenen und dargestellten Ergebnissen stehen dem Laserentwickler somit wichtige Skalierungsbeziehungen zur Verfügung für die optimale Wahl der Betriebsparameter unter dem Aspekt einer homogenen Verteilung der eingekoppelten HF-Leistungsdichte in Rohren mit großen Querschnitten, wie sie für CO_2–Laser höchster Leistungen erforderlich sind.

Literaturverzeichnis

[1] PATEL, C.P.N.: *Continuous-wave laser action on vibrational-rotational transitions of CO_2*. Phys. Rev. **136** (1964) Nr.5A, S.A1187.

[2] BRIDGES, T.J.; PATEL, C.P.N.: *High-power brewster window laser at 10.6 microns.* Appl. Phys. Lett. **7** (1965) Nr.9, S.244.

[3] DEMARIA,A.J.: *Review of cw high-power CO_2 lasers.* Proceedings of the IEEE **61** (1973) Nr.6, S.731.

[4] PATEL, C.P.N.: *CW high-power N_2-CO_2 laser.* Appl. Phys. Lett. **7** (1965), S.15.

[5] MOELLER, G.; RIDGEN, J.D.: *High-power laser action in CO_2-He mixtures.* Appl. Phys. Lett. **7** (1965), S.274.

[6] ABIL'SIITOV, G.A.; VELIKHOV, E.P.; GOLUBEV, V.S.; LEBEDEV, F.V.: *Promising systems and methods for pumping high-power technological CO_2 lasers (review).* Sov. J. Quantum Electron. **11** (1981) Nr.12, S.1535.

[7] ABRAMSKI, K.M.; COLLEY, A.D.; BAKER, H.J.; HALL,D.R.: *Power scaling of large-area transverse radio frequency discharge CO_2 lasers.* Appl. Phys. Lett. **54** (1989) Nr.19, S.1833.

[8] LAAKMANN, K.D.: *Waveguide gas laser with transverse discharge excitation.* European Patent Application 0003280, 1979.

[9] NOWACK, R.; OPOWER, H.; WESSEL, K.; KRÜGER, H.; HAAS, W.; WENZEL, N.: *Diffusionsgekühlte CO_2-Hochleistungslaser in Kompaktbauweise.* Laser und Optoelektronik **23** (1991) Nr.3, S.68.

[10] KNEUBÜHL, F.K.; SIGRIST, M.W.: *Laser.* Stuttgart: Teubner, 1989 (Teubner Studienbücher Physik).

[11] CHEO, P.K.: *Effects of gas flow on gain of 10.6 micron CO_2 laser amplifier.* IEEE J. Quantum Electron. **QE-3** (1967) Nr.12, S.683.

[12] YASUI, K.; TANAKA, M.; YAGI, S.: *Beam deflection in a transverse-flow laser.* IEEE J. of Quantum Electron. **24** (1988) Nr.8, S.1538.

[13] KONYUKHOV, V.K.; PROKHOROV, A.M.: *Population inversion in adiabatic expansion of a gas mixture.* JETP - Lett. **3** (1966), S.386.

[14] GERRY, E.T.: *Gasdynamic lasers.* IEEE Spectrum **7** (1970), S.51.

[15] SCHALL, W.; HOFFMANN, P.; HÜGEL, H.; SCHOCK, W.: *Microwave excited gasdynamic CO_2-laser.* Stresa, Italy, 1982. In ONORATO, M.(Hrsg.): Proceedings of the 4th International Symposium on Gas Flow And Chemical Lasers, New York: Plenum Press, 1984, S.301.

[16] OPOWER, H.; ERNST, V.; PERZL, P.: *Instability problems in transverse dc-discharges for high power CO_2-lasers.* SPIE **650** (1986), S.10.

[17] SUGAWARA, H.; KUWABARA, K.; TAKEMORI, S.; WADA, A.; SASAKI, K.: *20-kW fast-axial-flow CO_2 laser with high-frequency turboblowers.* 6th International Symposium on Gas Flow And Chemical Lasers, Jerusalem, 1986. In ROSENWAKS, E.S.(Hrsg.): Springer Proceedings in Physics **15**, Berlin: Springer, 1987, S.265.

[18] GAVRILYUK, V.D.; GLOVA, A.F.; GOLUBEV, V.S.; KUZNETSOV, A.B.; LEBEDEV, F.V.; FEOFILAKTOV, V.A.: *Characteristics of a CO_2 laser excited by a capacitative ac discharge.* Sov. J. Quantum Electron. **9** (1979) Nr.3, S.326.

[19] YAGI, S.; TABATA, N.: *Silent discharge cw CO_2 laser.* presented at the IEEE/OSA Conf. Laser Eng. Appl. **WE-5**, Washington, DC, 1981.

[20] YASUI, K.; KUZUMOTO, M.; OGAWA, S.; TANAKA, M.; YAGI, S.: *Silent-discharge excited TEM_{00} 2.5 kW CO_2 laser.* IEEE J. Quantum Electron. **25** (1989) Nr.4, S.836.

[21] KUZUMOTO, M.; OGAWA, S.; TANAKA, M.; YAGI, S.: *Fast axial flow CO_2 laser excited by silent discharge.* IEEE J. Quantum Electron. **26** (1990) Nr.6, S.1130.

[22] PUGH, E.R.: *Radio frequency electrically excited flowing gas laser.* United States Patent 3748594, 1973.

[23] SCHOCK. W.; HÜGEL, H. *Subsonic Flow CO_2 Laser with RF Excitation.* Proc. 4. Int. Symp. Gas Flow and Chemical Lasers, Stresa 1982, Plenum Press, S.435, 1984.

[24] SCHOCK, W.; WALZ, B.; WESSEL, K.; WILDERMUTH, E.: *Characteristics of a compact rf excited 12 kW CO_2-laser.* Proccedings of ECO3 1990, The Hague, SPIE Vol.1276, 1990.

[25] VASYUTINSKII, O.S.; KRUZHALOV, V.A.; PERCHANOK, T.M.; TEREKHIN, D.K.; FRIDRIKHOV, S.A.: *Pulsed microwave discharge as a pump for the CO_2 laser.* Sov. Phys. Tech. Phys. **23** (1978) Nr.2, S.189.

[26] HANDY, K.G.; BRANDELIK, J.E.: *Laser generation by pulsed 2.45-GHz microwave excitation of CO_2.* J. Appl. Phys. **49** (1978) Nr.7, S.3753.

[27] UHLENBUSCH, J.; ZHANG, Z.B.: *Hochleistungs-CO_2-Laser mit Mikrowellenanregung.* Opto Elektronik Magazin **5** (1989) Nr.7/8, S.628.

[28] WOOD II, O.R.: *High-pressure pulsed molecular lasers.* Proceedings of the IEEE **62** (1974) Nr.3, S.355.

[29] HOFFMANN, P.: *Discharge behavior of a rf excited high power CO_2 laser at different excitation frequencies.* Proceedings of the SPIE **650** (1986), S.23.

[30] HÜGEL, H.: *CO_2-Hochleistungslaser.* Laser und Optoelektronik (1988) Nr.2, S.68.

[31] HÜGEL, H.: *Strahlwerkzeug Laser.* Stuttgart: Teubner, 1992 (Teubner Studienbücher Maschinenbau).

[32] WILDERMUTH, E.; BERGER, P.; HÜGEL, H.: *Aerodynamische Fenster für CO_2-Hochleistungslaser.* Laser und Optoelektronik **21** (1989) Nr.4, S.67.

[33] WILDERMUTH, E.: *Analytische und experimentelle Untersuchung transversal geströmter aerodynamischer Fenster für Hochleistungslaser.* Köln: DLR, 1990. Universität Stuttgart, Dissertation, 1990 (Forschungsbericht DLR-FB 90-33).

[34] BEA, M.; BORIK, S.; GIESEN, A.; ZOSKE, U.: *Untersuchung der transienten Eigenschaften optischer Komponenten und Korrektur durch adaptive Optiken.* Laser und Optoelektronik **21** (1989) Nr.4, S.60.

[35] WEBER, H.: *Laserresonatoren und Strahlqualität.* Laser und Optoelektronik (1988) Nr.2, S.60.

[36] SIEGMAN, A.E.: *Lasers.* Mill Valley (CA): University Science Books, 1986.

[37] MARGENAU, H.: *Theory of High Frequency Gas Discharges. I. Methods for Calculating Electron Distribution Functions.* Phys. Rev. **73** (1948) Nr.4, S.297.

[38] MARGENAU, H.; HARTMAN, L.M.: *Theory of High Frequency Gas Discharges. II. Harmonic Components of the Distribution Function.* Phys. Rev.**73** (1948) Nr.4, S.309.

[39] HARTMAN, L.M.: *Theory of High Frequency Gas Discharges. III. High Frequency Breakdown.* Phys. Rev.**73** (1948) Nr.4, S.316.

[40] MARGENAU, H.: *Theory of High Frequency Gas Discharges. IV. Notes on the Similarity Principle.* Phys. Rev.**73** (1948) Nr.4, S.326.

[41] WIESEMANN, K.: *Einführung in die Gaselektronik.* Stuttgart: Teubner, 1976 (Teubner Studienbücher Physik).

[42] RAIZER, Y.P.: *Gas Discharge Physics.* Berlin: Springer, 1991.

[43] CAPITELLI, M.; BARDSLEY, J.N. (HRSG.): *Nonequilibrium Processes in Partially Ionized Gases.* New York: Plenum, 1990 (NATO ASI Series B: Physics Vol.220).

[44] BAKER, C.J.; HALL, D.R.; DAVIES, A.R.: *Electron energy distributions, transport coefficients and electron excitation rates for RF excited CO_2 lasers.* J. Phys.D **17** (1984), S.1597.

[45] FERREIRA, C.M.: *Theory of High-Frequency Discharges.* In CAPITELLI, M.; BARDSLEY, J.N. (Hrsg.): Nonequilibrium Processes in Partially Ionized Gases. New York: Plenum, 1990, S.187 (NATO ASI Series B: Physics Vol.220).

[46] LEDIG, T.; SCHRÖDER, B.: *Electron energy distribution functions and power transfer data for radio-frequency discharges in CO_2 laser gas mixtures.* J. Phys.D: Appl. Phys.**23** (1990), S.1624.

[47] SMITH, K.; THOMSON, R.M.: *Computer Modeling of Gas Lasers.* New York: Plenum, 1978.

[48] RAKHIMOVA, T.V.; RAKHIMOV, A.T.: *Stabilization of a gas discharge by an rf electric field.* Sov. J. Plasma Phys.**1** (1975) Nr.5, S.468.

[49] VIDAUD, P.; HE, D; HALL, D.R.: *High Efficiency RF Excited CO_2 Laser* Opt. Commun. **56** (1985), Nr.3, S.185.

[50] RAIZER, Y.P.: *Intermediate–pressure electrodeless discharges in rf and pulsed fields.* Sov. J. Plasma Phys. **5** (1979) Nr.2, S.232.

[51] YATSENKO, N.A.: *Integral characteristics of electrode layers in a capacitive medium–pressure hf discharge.* New York: Plenum Press, 1982, S.820.

[52] SMIRNOV, A.S.: *Layers close to electrodes in a capacitive rf discharge.* Sov. Phys. Tech. Phys.**29** (1984) Nr.1, S.34.

[53] YATSENKO, N.A.: *Mechanism of formation of the spatial structure of a radio-frequency capacitive discharge.* Sov. Phys. Tech. Phys.**33** (1988) Nr.2, S.180.

[54] KHASILEV, V.YA.; MIKHALEVSKII, V.S.; TOLMACHEV, G.N.: *Fast electrons in a transverse rf discharge.* Sov. J. Plasma Phys.**6** (1980) Nr.2, S.236.

[55] VIDAUD, P.; DURRANI, S.M.A.; HALL, D.R.: *Alpha and gamma RF capacitative discharges in N_2 at intermediate pressures.* J. Phys. D:Appl. Phys.**21** (1988), S.57.

[56] HALL, D.R.; BAKER, H.J.: *RF excitation of diffusion cooled and fast axial flow lasers.* Proceedings of SPIE **1031** (1988), S.60.

[57] LEVITSKII, S.M.: *An investigation of the breakdown potential of a high–frequency plasma in the frequency and pressure transition regions.* Sov. Phys. Tech. Phys.**2** (1958), S.887.

[58] YATSENKO, N.A.: *Relationship between the high constant plasma potential and the conditions in an intermediate–pressure rf capacitive discharge.* Sov. Phys. Tech. Phys. **26** (1981) Nr.6, S.678.

[59] WESTER, R.: *Frequency dependence of thermal volume instabilities in high-frequency CO_2 laser discharges.* J. Appl. Phys. **70** (1991) Nr.7, S.3449.

[60] WASSERRAB, TH.: *Gaselektronik I.* Zürich: Bibliographisches Institut, 1971 (Hochschulskripten).

[61] SIMONYI, K.: *Physikalische Elektronik. Stuttgart: Teubner, 1972.*

[62] MASAO MAKIUCHI AND MITSUO KAWAMURA, *A Compact CW HCN Laser with RF-Excited Discharge.* IEEE J. Quantum Electron. **QE–19** (1983) Nr.6, S.1115.

[63] CONTAXES, N.; HATCH, A.J.: *High-Frequency Fields in Solenoidal Coils.* J. Appl. Phys. **40** (1969) Nr.9, S.3548.

[64] MYSHENKOV, V.I.; YATSENKO, N.A.: *Prospects for using high-frequency capacitative discharges in lasers.* Sov. J. Quantum Electron. **11** (1981) Nr.10, S.1297.

[65] HE, D.; HALL, D.R.: *A 30–W radio frequency excited waveguide CO_2 laser.* Appl. Phys. Lett. **43** (1983) Nr.8, S.726.

[66] LEUTHARD, W.; KNEUBÜHL, F.K.; SCHÖTZAU, H.J.: *CO_2-Laser in Narrow Gaps.* Appl. Phys. B **48** (1989), S.1.

[67] HÜGEL, H.: *RF Excited CO_2 Flow Lasers.* 6th International Symposium on Gas Flow And Chemical Lasers, Jerusalem, 1986. In ROSENWAKS, E.S.(Hrsg.): Springer Proceedings in Physics **15**, Berlin: Springer, 1987, S.258.

[68] SCHOCK, W.: *Hochfrequenzanregung (CO_2-Strömungslaser).* 2. Laser-Kolloquium, Inst. f. Techn. Phys., DFVLR, 1986.

[69] KNEUBÜHL, F.: *Repetitorium der Physik.* Stuttgart: Teubner, 1982.

[70] KUKLIN, V.A.; POLSKII, YU.E.: *Procedure for diagnosing processes in the discharge chamber of a fast-flow CO_2 laser.* Sov. J. Quantum Electron. **11** (1981) Nr.10, S.1302.

[71] ZIEREP, J.: *Grundzüge der Strömungslehre.* Karlsruhe: Braun, 1987.

[72] HAGE, H.; MARTINEN, H.; NOERTHEMANN, T.: *New RF-excited multikilowatt CO_2-laser for industrial use.* SPIE Vol.801 (1987), S.58.

[73] MARTINEN, H.; SIMONSSON, S.; WIRTH, P.: *Gaslaser mit Hochfrequenzanregung.* Europäische Patentanmeldung, EP 0 254 045 A1, 1987.

[74] WESTER, R.; SEIWERT, S.; WAGNER, R.: *Theoretical and experimental investigations of the filamentation of high-frequency excited CO_2 laser discharges.* J. Appl. Phys. **24** (1991), S.1796.

[75] GENERALOV, N.A.; ZIMAKOV, V.P.; KOSYNKIN, V.D.; RAIZER, Y.P.; ROITENBURG, D.I.: *Steady externally sustained discharge with electrodeless pulsed ionization in a closed-loop laser. II. Theory of the capacitive discharge.* Sov. J. Plasma Phys. **3** (1977) Nr.3, S.358.

[76] GLADYSH, G.G.; SAMOKHIN, A.A.: *Thermal discharge contraction in a fast-flow CO_2 laser.* Sov. J. Plasma Phys. **5** (1979) Nr.3, S.384.

[77] NIGHAN, W.L.: *Causes of thermal instability in externally sustained molecular discharges.* Phys. Rev. **15** (1977) Nr.4, S.1701.

[78] VELIKOV, E.P.; GOLUBEV, V.S.; PASHKIN, S.V.: *Glow discharge in a gas flow.* Sov. Phys. Usp. **25** (1992) Nr.5, S.340.

[79] NIGHAN, W.L.; WIEGAND, W.L.: *Causes of arcing in cw CO_2 convection laser discharges.* Appl. Phys. Lett. **25** (1974) Nr.11, S.633.

[80] BORSTEL, M. VON; GIESEN, A.; PAUL, R.: *Zündverhalten von hochfrequenzangeregten CO_2-Lasern.* In: Waidelich, W. (Hrsg.): Vorträge des 9. Int. Kongr. Laser 89 Optoelektronik in der Technik. Berlin: Springer, 1990, S.424.

[81] HOEFER, E.E.E.; NIELINGER, H.: *SPICE Analyseprogramm für elektronische Schaltungen.* Berlin: Springer, 1985.

[82] GUNDLACH, F.-W.; MEINKE, H.: *Taschenbuch der Hochfrequenz-Technik.* Berlin: Springer, 1986 (Studienausgabe Bd. 1–3).

[83] ZINKE, O.; BRUNSWIG, H. HRSG.: *Lehrbuch der Hochfrequenztechnik, Bd. 1: Hochfrequenzfilter, Leitungen, Antennen.* Berlin: Springer, 1986.

[84] UNGER, H.–G.: *Elektromagnetische Wellen auf Leitungen.* Heidelberg: Hüthig, 1986.

[85] FREYER, U.: *Anpassung und Fehlanpassung.* München: Franzis, 1987.

[86] Paul, R.; Giesen, A.; Borstel, M. Von: *Anpassung hochfrequenzangeregter Laser an die Energieversorgung.* In: Waidelich, W. (Hrsg.): Vorträge des 9. Int. Kongr. Laser 89 Optoelektronik in der Technik. Berlin: Springer, 1990, S.71.

[87] MOGHBELI, F; HE, D.; ALLCOCK, G.; HALL, D.R.: *Impedance matching in radio–frequency discharge excited waveguide lasers.* J. Phys. E: Sci. Instrum. **17** (1984), S.1159.

[88] XIN, J.G.; ALLCOCK, G.; HALL, D.R.: *A resistance measurement technique for radiofrequency gas discharges.* J. Phys. E **19** (1986), S.210.

[89] SCHOCK, W.; HALL, TH.; WILDERMUTH, E.; WESSEL, K.; GEHRINGER, E.; SCHNEE, P.; HADINGER, F.: *Compact transverse flow CO_2 laser with rf excitation.* In SCHUÖCKER, D.(Hrsg.): Proceedings of SPIE **1031** (1989), S.76.

[90] BENEKING, C.: *Power dissipation in capacitively coupled rf discharges.* J. Appl. Phys. **68** (1990) Nr.9, S.4461.

[91] WOLF, H.: *Zur Theorie des Reflektometers.* A.E.Ü. **8** (1954), S.505.

[92] TRIANTAFILIDIS, A.: *Messung der Plasmaimpedanz mit Hilfe eines Reflektometers.* Universität Stuttgart, Studienarbeit, 1991 (Institut für Strahlwerkzeuge: IFSW 91–64).

[93] BREINING, K.; GIESEN, A.; GRÜNEWALD, K.; HÜGEL, H.; PAUL, R.; PFEIFFER, W.; WITTIG, K.: *Erzeugung homogener Laserplasmen durch fluidmechanische und elektrophysikalische Optimierung.* Abschlußbericht, BMFT, Förderkennzeichen: 13 N 5579, 1992.

[94] Das Programm wurde als PM–Programm für das Betriebssystem OS/2 in der Programmiersprache C geschrieben von Klaus Breining, Institut für Strahlwerkzeuge, Universität Stuttgart.

[95] KLEEN, W.; MÜLLER, R.: *Laser.* Berlin: Springer, 1969.

[96] BLETZINGER, P.; FLEMMING, M.J.: *Impedance characteristics of an parallel plate discharge and the validity of a simple circuit model.* J. Appl. Phys. **62** (1987) Nr.12, S.4688.

[97] HE, D.; BAKER, C.J.; HALL, D.R.: *Discharge striations in rf excited waveguide lasers.* J. Appl. Phys. **55** (1984) Nr.11, S.4120.

[98] BULLIS, R.H.; NIGHAN, W.L.; FOWLER, M.C.; WIEGAND; W.J.: *Physics of CO_2 electric discharge lasers.* AIAA Journal **10** (1972) Nr.3, S.407.

[99] SCHWEDE, H.; DU, K.; FRANEK, J.; LOOSEN, P.; MÄRTEN, O.; WAGNER, R.: *Investigation of the spatial homogeneity of high frequency excited laser discharges.* In: Waidelich, W. (Hrsg.): Vorträge des 9. Int. Kongr. Laser 89 Optoelektronik in der Technik. Berlin:Springer,1990, S.81.

[100] MOISSL, M.; PAUL, R.; BREINING, K.; GIESEN, A.; HÜGEL, H.: *Thermal Lensing Effect In Fast Axial Flow CO_2-Lasers.* In ORZA, J.M. (Hrsg.): Proc. of the 8th Int. Symp. on Gas Flow and Chemical Lasers, Madrid, 1990. Bellingham (WA): SPIE,1991, S.395 (SPIE Proceedings Series, Vol.1397).

[101] FROHN, A.: *Einführung in die Technische Thermodynamik.* Wiesbaden: Aula, 1989.

[102] NOWACK, R.; MAYERHOFER, W.; HÜGEL, H.: *Optical diagnostics for the investigation of discharge and supersonic flow in a pulsed CO-laser.* Proc. of the 16th Int. Congress on High Speed Photography and Photonics, Straßburg, 1984. Bellingham (WA): SPIE **491** (1985), S.946.

[103] PAUL, R., BREINING, K.; GIESEN, A.; HÜGEL, H.: *Experimental investigations of laser parameters in fast axial flow rf-excited CO_2 discharges with different cross sections.* 9th International Symposium on Gas Flow And Chemical Lasers. Heraklion, Crete, Greece, 1992. Wird veröffentlicht.

[104] WASSERSTROM, E.; CRISPIN, Y.; ROM, J.; SHWARTZ, J.: *The interaction between electrical discharges and gas flow.* J. Appl. Phys. **49** (1978) Nr.1, S.81.

[105] KONSTANTINOV, M.D.; OSTIPOV, V.V.; SUSLOV, A.I.: *Chemical ionization instability in a space discharge in quasistable CO_2 media.* Sov. Phys. Tech. Phys. **35** (1990) Nr.10, S.1128.

[106] BLETZINGER, P.; LABORDE, D.A.; BAILY, W.F.; LONG, W.H.; TANNEN, P.D.; GARSCADDEN, A.: *Influence of contaminants on the CO_2 electric-discharge laser.* IEEE J. Quantum Electron. Vol. QE-**11** (1975) Nr.7, S.317.

[107] ABRAMS, R.L.; BRIDGES, W.B.: *Charakteristics of sealed-off waveguide CO_2 lasers.* IEEE J. Quantum Electron. QE-**9** (1973) Nr.9, S.940.

[108] BECK, RASMUS: *Vorrichtung zur Anregung einer Entladung in einem Lasergas.* Offenlegungsschrift DE 3536693 A1, 1985.

[109] KARUBE, N.: *Coaxial CO_2 laser utilizing high-frequency excitation.* European patent application EP 0254747 A1, 1986.

[110] MAERTEN, O.; HERZIGER, G.; KLEIN, R.; LOOSEN, P.: *Laser medium / resonator field interaction of fast axial flow CO_2-lasers.* SPIE **801** High Power Lasers (1987), S.51.

[111] MERZKIRCH, W.: *Flow vizualization.* Orlando: Academic Press, 1987.

[112] FEYNMAN, R.P.: *Lectures on Physics.* Reading (Mass.): Addison-Wesley, 1977.

[113] HECHT, E.; ZAJAC, A.: *Optics.* Reading (Mass.): Addison-Wesley, 1974.

[114] OERTEL, H.: *Optische Strömungsmeßtechnik.* Karlsruhe: G. Braun, 1989.

[115] ALEKSEEV, I.A.; BARANOV, G.A.; ZINCHENKO, A.K.; SMIRNOV, A.S.; SHEVCHENKO, YU.I.: *Heating in a capacitive rf discharge with transverse gas flow.* Sov. Phys. Tech. Phys. **34** (1989) Nr.7, S.723.

[116] TIZIANI, H.J.: *Optische Meßtechnik und Meßverfahren.* Vorlesungsskript, Universität Stuttgart, Institut für technische Optik ITO, 2. Auflage, 1986.

[117] Bildverarbeitungssystem des Instituts für Technische Optik ITO der Universität Stuttgart, Institutsleiter Prof. Dr. H.J. Tiziani.

[118] GRÜNEWALD, K.; GIESEN, A.; HÜGEL, H.: *Theoretical investigation on CO_2 laser design.* 9th International Symposium on Gas Flow And Chemical Lasers. Heraklion, Crete, Greece, 1992. Wird veröffentlicht.

[119] GRÜNEWALD, K.: *Modellierung der Energietransferprozesse in längsgeströmten CO_2-Lasern.* Stuttgart: Teubner, 1992. Universität Stuttgart, Dissertation, 1992 (Forschungsberichte des IFSW).

[120] BRUNET, H.; MABRU, M., GASTAUD, M.: *Characteristics of turbulent flow stabilized dc-discharges for CO_2 lasers.* 6th International Symposium on Gas Flow And Chemical Lasers, Jerusalem, 1986. In ROSENWAKS, E.S.(Hrsg.): Springer Proceedings in Physics **15**, Berlin: Springer, 1987, S.40.

[121] BAEVA, M.; ATANASOV, P.: *Numerical investigation of output characteristics of turbulent axial flow CO_2 laser.* Proceedings of LAMP '92, Nagaoka, 1992, S.85.

[122] SMIRNOV, A.S.; FROLOV, K.S.; SHEVCHENKO, YU.I.: *Radio-frequency discharge in molecular gas flows at medium pressures.* Sov. Phys. Tech. Phys. **32** (1987) Nr.7, S.774.

[123] MELLIS, J.; SMITH, A.L.S.: *Gain saturation in CO_2 lasers.* Opt. Comm. **41** (1982) Nr.2, S.121.

[124] CHRISTENSEN, C.P.; FREED, C.; HAUS, H.A.: *Gain saturation and diffusion in CO_2 lasers.* IEEEE J. Quantum Electron. QE-**5** (1969) Nr.6, S.276.

[125] Das Programm wurde als PM-Programm für das Betriebssystem OS/2 in der Programmiersprache C geschrieben von Klaus Breining, Institut für Strahlwerkzeuge, Universität Stuttgart.

[126] DEUTSCH, T.H.; HORRIGAN, F.A.; RUDKO, R.I.: *cw operation of high-pressure flowing CO_2 lasers.* Appl. Phys. Lett. **15** (1969) Nr.3, S.88.

[127] SMITH, D.C.; MCCOY, J.H.: *Effects of diffusion on the saturation intensity of a CO_2 laser.* Appl. Phys. Lett. **15** (1969) Nr.9, S.282.

[128] NACHSHON, Y.; OPPENHEIM, U.P.: *Gain saturation in the CO_2 laser.* Appl. Optics **12** (1973) Nr.8, S.1934.

[129] MÜLLER, S.; UHLENBUSCH, J.: *Influence of turbulence and convection on the output of a high-power CO_2 laser with a fast axial flow.* J. Phys.D: Appl. Phys. **20** (1987), S.697.

[130] RIGROD, W.W.: *Saturation effects in high-gain lasers.* J. Appl. Phys. **36** (1965) Nr.8, S.2487.

[131] ENGELN–MÜLLGES, G.; REUTTER, F.: *Formelsammlung zur numerischen Mathematik mit Standard-FORTRAN 77 Programmen.* Mannheim: BI-Wissenschaftsverlag, 1988.

[132] BORIK, S.: *Einfluß optischer Komponenten auf die Strahlqualität von Hochleistungslasern.* Stuttgart: Teubner, 1992. Universität Stuttgart, Dissertation, 1992 (Forschungsberichte des IFSW).

[133] WITTEMAN, W.J.: *The CO_2-laser.* Berlin: Springer, 1987.

[134] CHEO, P.K.: *Effects of CO_2, He, and N_2 on the lifetime of the* 00°1 *and* 10°0 *CO_2 laser levels and on pulsed gain at* 10.6 μ. J. Appl. Phys. bf 38 (1967) Nr.9, S.3563.

[135] NEUMÄRKER, B.: *Modellierung und Simulation der kinetischen und strömungsmechanischen Vorgänge in einem CO_2 Laser bei cw–Betrieb.* Universität Stuttgart, Diplomarbeit, 1991 (Institut für Strahlwerkzeuge: IFSW 17-91).

[136] D' ANS, LAX: *Taschenbuch für Chemiker und Physiker.* Berin: Springer, 1967.

[137] KUCHLING, H.: *Physik, Formeln und Gesetze.* Köln: Buch und Zeit, 1973.

[138] DEGNAN, J.J.: *The waveguide laser: a review.* Appl. Phys. (1976) Nr.11, S.1.

A HF–Entladung

A.1 Lösung der Bewegungsgleichung des Elektrons

Nach Kapitel 2, Abschnitt 2.1, S. 16 läßt sich die Bewegung eines Elektrons in skalarer Darstellung durch

$$m_e \frac{d^2r}{dt^2} = -m_e \nu_c \frac{dr}{dt} - eE_0 \sin \omega t \qquad (A.1)$$

beschreiben.

Die Lösung dieser linearen, inhomogenen Differentialgleichung zweiter Ordnung erfolgt für den Fall einer harmonischen äußeren Kraft $e\,E(t) = e\,E_0 \sin \omega t$ am einfachsten in der Exponentialnotation komplexer Funktionen. Für das elektrische Feld gilt dann:

$$E(t) = E_0\, e^{i(\omega t)+\theta} = \hat{E}\, e^{i\omega t}\,. \qquad (A.2)$$

Setzt man dieses zusammen mit dem harmonischen Ansatz

$$r(t) = r_0\, e^{i(\omega t)+\theta} = \hat{r}\, e^{i\omega t} \qquad (A.3)$$

in Gleichung A.1 ein und führt die Ableitungen aus, erhält man:

$$(i\,\omega)^2 \hat{r} + i\,\omega\, \nu_c\, \hat{r} = \frac{-e}{m_e} \hat{E} \qquad (A.4)$$

und nach $r(t)$ aufgelöst:

$$r(t) = \frac{-e}{m_e} \cdot \frac{\hat{E}\, e^{i\omega t}}{i\,\omega\, \nu_c - \omega^2}\,. \qquad (A.5)$$

Durch Differentiation von Gleichung A.5 erhält man schließlich die Driftgeschwindigkeit

$$v(t) = \frac{-e}{m_e} \cdot \frac{i\,\omega\, \hat{E}\, e^{i\omega t}}{i\,\omega\, \nu_c - \omega^2} = \frac{e\,E}{m_e} \cdot \frac{i\,\omega - \nu_c}{\omega^2 + {\nu_c}^2}\,. \qquad (A.6)$$

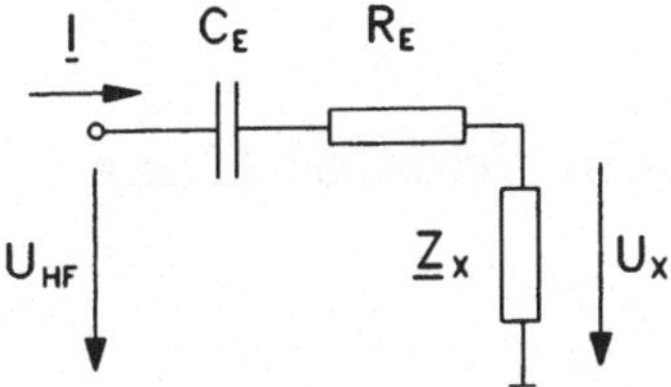

Abb. A.1: Ersatzschaltbild zur Berechnung der Symmetrierungsimpedanz.

A.2 Symmetrierung der Elektrodenspannung

Im folgenden wird die Impedanz zur Symmetrierung der Elektrodenspannung bestimmt. Dabei wird angenommen, daß die gesamte Entladungsanordnung in eine äquivalente Impedanz $R_E - i/(\omega\, C_E)$ umgerechnet wurde.

Nach Abbildung A.1 muß die Bedingung

$$U_{HF} = -U_X \tag{A.7}$$

erfüllt sein.

Für die gesuchte Impedanz $\underline{Z}_X$ gilt die Beziehung

$$\underline{I} = U_X \cdot \frac{1}{\underline{Z}_X}\,. \tag{A.8}$$

Für den Strom $\underline{I}$ gilt aber auch die Beziehung

$$\underline{I} = U_{HF} \cdot \frac{1}{R_E - \frac{i}{\omega\, C_E} + \underline{Z}_X}\,. \tag{A.9}$$

Aus den Gleichungen A.8 und A.9 folgt wegen Gleichung A.7

$$\underline{Z}_X = -R_E + \frac{i}{\omega\, C_E} - \underline{Z}_X \tag{A.10}$$

und schließlich

$$\underline{Z}_X = -\frac{R_E}{2} + \frac{i}{2\,\omega\, C_E}\,. \tag{A.11}$$

Der Blindanteil hat eine positive Phase und kann deshalb als Induktivität

$$L = \frac{1}{2\,\omega^2\, C_E} \tag{A.12}$$

aufgefaßt werden.

B Gasgemische

B.1 Kenngrößen für Gemische idealer Gase

Zunächst wird die mittlere Molmasse

$$\mathcal{M} = \sum_{i=1}^{x} \varphi_i M_i \tag{B.1}$$

des Gemisches der x Komponenten eingeführt. Dabei bedeutet φ_i der normierte Volumenanteil der jeweiligen Komponente, d.h.

$$\varphi_j = \frac{V_j}{\sum\limits_{i=1}^{x} V_i} \,. \tag{B.2}$$

Für He:N_2:CO_2=V_{He}:V_{N_2}:V_{CO_2} ergibt sich demnach $\varphi_{He} = V_{He}/V_{ges}$ mit $V_{ges} = V_{He} + V_{N_2} + V_{CO_2}$ usw., wobei V_i die Volumenanteile der Komponenten $i \in [He, N_2, CO_2]$ sind.

Die mittlere spezielle Gaskonstante $\mathcal{R}$ des Gasgemisches ergibt sich dann aus der allgemeinen Gaskonstanten R_a gemäß

$$\mathcal{R} = \frac{R_a}{\mathcal{M}} \,. \tag{B.3}$$

Daraus lassen sich nach den Beziehungen in Kapitel 5 und den Materialwerten von Tabelle B.1 für das Gasmischungsverhältnis He:N_2:CO_2=16:4:1, die Temperatur $T = 293$ K und den Gasdruck $p = 100$ hPa die folgenden Größen berechnen:

- Gasdichte $\rho = 0,04301$ kg/m^3,
- spezifische Gaskonstante $\mathcal{R} = 793,3$ J/kg K,
- dynamische Viskosität $\mu = 1,83 \cdot 10^{-5}$ kg/m s,
- Schallgeschwindigkeit $v_S = 602$ m/s
- Isentropenkoeffizient $\kappa = 1,557$.

Mit diesen Angaben ist ein Vergleich zwischen den fluidmechanischen Bedingungen der Experimente und kommerzieller Strömungslaser möglich, wo entsprechende Abschätzungen meistens auf der Volumenförderrate der Umwälzpumpe beruhen, bezogen auf die insgesamt durchströmte Querschnittsfläche.

Gas	M_i[kg/kmol]	c_p[J/kg K]	$\mu[10^{-7}$ kg/m s]
He	4,00	5235	196
N_2	28,02	1039	175
CO_2	44,01	820	147

Tabelle B.1: Molmassen M_i, spezifische Wärmekapazitäten (Druck konst.) c_p nach [136] und dynamischeViskositäten μ (für $T = 293$ K) nach [137].

C Linienbreiten

C.1 Berechnung der Druckverbreiterung

Dominiert der Stoßverbreiterungsmechanismus, gilt nach [138] für die Linienbreite $\Delta\nu$ (volle Breite bei halber Höhe[1]) die empirische Formel

$$\Delta\nu[\text{MHz}] = 5,69 \cdot \mathcal{F}(CO_2, N_2, He) \cdot \sqrt{\frac{300}{T\,[\text{K}]}} \cdot p\,[\text{hPa}] \tag{C.1}$$

mit

$$\mathcal{F} = \varphi_{CO_2} + 0,73 \cdot \varphi_{N_2} + 0,64 \cdot \varphi_{He} \tag{C.2}$$

angegeben. Dabei bedeuten $\varphi_i = V_i / \sum_i Vi$ die normierten Volumenanteile der Komponenten $i \in [CO_2, N_2, He]$.

Für $p = 80$ hPa — dem niedrigsten in den Experimenten verwendeten Gasdruck —, dem Mischungsverhältnis He:N_2:CO_2=16:4:1 und $T = 400$ K ergibt sich aus Gleichung C.1 $\Delta\nu \approx 242$ MHz.

C.2 Berechnung der Dopplerverbreiterung

Für die reine Dopplerverbreiterung gilt (z.B. [133, 10]):

$$\Delta\nu = \frac{1}{\lambda_0} \cdot \sqrt{\frac{8 \cdot k \cdot T \cdot \ln 2}{M}}. \tag{C.3}$$

Hier ist λ_0 die Wellenlänge der Linienmitte (10P20: $10,58\,\mu$m), $k = 1,38 \cdot 10^{-23}$ J/K die Boltzmann Konstante, T die Gastemperatur (hier mit $T = 400$ K gewählt) und $M = 7,31 \cdot 10^{-26}$ kg die molekulare Masse von CO_2.

Für die gleichen Bedingungen, wie sie bei der Berechnung der Druckverbreiterung angegeben wurden, errechnet sich für die Dopplerverbreiterung aus Gleichung C.3 $\Delta\nu \approx 61$ MHz.

[1] engl.: FWHM = full width at half maximum

Damit ist für diesen Fall die Druckverbreiterung ca. um den Faktor 4 größer, als die Dopplerverbreiterung. Da Gleichung C.1 direkt proportional zum Druck ist und Gleichung C.3 druckunabhängig ist, nimmt dieser Faktor linear mit dem Druck zu. Innerhalb des Parameterbereichs dieser Untersuchungen kann die Linienform daher in guter Näherung als rein druckverbreitert betrachtet werden.

In der Nähe der Resonanzfrequenz ν_0 kann die Formfunktion $L(\nu)$ der Linie durch eine Lorenzfunktion $\mathcal{L}(\nu - \nu_0)$ angenähert werden [10]:

$$L(\nu \approx \nu_0) = \mathcal{L}(\nu - \nu_0) = \frac{1}{\pi} \cdot \frac{\Delta\nu/2}{(\nu - \nu_0)^2 + (\Delta\nu/2)^2} . \tag{C.4}$$

Für die Linienmitte folgt schließlich:

$$\mathcal{L} = \frac{2}{\pi \cdot \Delta\nu} . \tag{C.5}$$

D Verstärkermethode

D.1 Rechenverfahren zur Berücksichtigung der Leistungsdichteverteilung

In dem in Kapitel 9, Abschnitt 9.1.1 beschriebenen Verfahren zur Bestimmung von g_0 und I_S müssen wegen Gleichung 9.5 aus den experimentell ermittelten Laserleistungsmeßwertepaaren (P_0, P) zunächst Leistungsdichten (I_0, I) berechnet werden. Dies geschieht in der Regel dadurch, daß man die gemessenen Leistungswerte auf die Querschnittsfläche $A_L = \pi \cdot w$ bezieht, wobei w den Strahlradius, definiert als der $1/e^2$–Abfall der Leistungsdichte bezeichnet. Die damit implizit als konstant über den Querschnittsflächen angenommenen Laserleistungsdichten I_0 (am Verstärkereingang) bzw. I (am Verstärkerausgang) ergeben nach Gleichung 9.5 g_0– und I_S–Werte, die der tatsächlichen Verstärkung der Leistungsdichte*verteilung* $I_0(x, y, z)$ durch das *LAM* keine Rechnung tragen. Das im folgenden beschriebene Auswerteverfahren berechnet aus den Meßdatenpaaren (P_0, P) unter Berücksichtigung der Leistungsdichteverteilung die Werte für g_0 und I_S nach einem selbstkonsistenten iterativen Algorithmus.

Der Grundgedanke ist, im i–ten Iterationsschritt aus der bekannten Eingangsverteilung $I_0(r) = \frac{2 P_0}{\pi w^2} \exp -\frac{2 r^2}{w^2}$ (Gaußverteilung) und der iterativ zu bestimmenden Ausgangsverteilung $I_i(r)$ (im ersten Iterationsschritt wird hierfür ebenfalls eine Gaußverteilung angenommen) mittels Gleichung 9.5 die Werte $g_{0,i}$ und $I_{S,i}$ zu berechnen. Mit diesen Werten wird dann mit Hilfe der Gleichung 9.3 aus $I_0(r)$ eine neue Ausgangsverteilung I_{i+1} berechnet[1], die zusammen mit der (konstanten) Eingangsverteilung als Eingabegrößen des Iterationsschritts $i + 1$ dienen. Beendet wird die Iteration, wenn die Änderung von g_0 und I_S kleiner als eine vorgegebene relative Genauigkeit ist.

[1] Diese zeigen die erwarteten Abweichungen von der Gaußverteilung.

Um im oben skizzierten Iterationsalgorithmus aus der Gleichung 9.5 die *zwei* Unbekannten g_0 und I_S berechnen zu können, sind auch *zwei* unabhängige Leistungsmeßpaare (P_0, P) und (P_0', P') erforderlich bzw. im ersten Iterationsschritt die zugehörigen Gaußverteilungen. Dies geschieht, indem auf der Ausgleichsgeraden der Meßwerte (vgl. Abbildung 9.2) zwei Punkte ermittelt werden (damit ist vorteilhafter Weise bereits eine Mittelung der Meßwertschwankungen berücksichtigt). Aus den zugehörigen vier x- bzw. y-Werten und wegen $x = P - P_0$ bzw. $y = \ln P/P_0$ erhält man schließlich $P_0 = P - x$ und $P = (-x\, e^y)/(1 - e^y)$ bzw. $P_0' = P' - x'$ und $P' = (-x'\, e^{y'})/(1 - e^{y'})$. Mit diesen zwei unterschiedlichen Leistungspaaren kann der oben erläuterte Iterationsalgorithmus dann ausgeführt werden. Das entsprechende Rechenprogramm wurde auf einem Personalcomputer implementiert [125].

Worte des Dankes

Besonderers bedanke ich mich bei Herrn Prof. Dr.-Ing. habil. H. Hügel für die freundliche Aufnahme an seinem Institut und für die Möglichkeit, diese Dissertation anzufertigen. Durch seine wertvollen Anregungen und seine engagierte Unterstützung hat er wesentlich zum Gelingen dieser Arbeit beigetragen.

Mein Dank gilt auch Herrn Prof. Dr.-Ing. W. H. Bloss, der sich freundlicherweise bereit erklärte, das Koreferat zu übernehmen.

Dank gebührt auch allen Kollegen und Mitarbeitern des Instituts, die mich durch ihr Engagement unterstützt haben. An erster Stelle ist mein Kollege Herr Dipl.-Ing. K. Breining zu nennen, der durch seine fundierten elektrotechnischen Kenntnisse und seine großen Erfahrungen auf dem Gebiet der Personalcomputer den Fortgang der Arbeiten sehr beschleunigte. Danken möchte ich auch meinem ehemaligen Kollegen Herrn Dr.-Ing. S. Borik für seine Unterstützung bei den interferometrischen Untersuchungen. Mein Dank gebührt aber auch der mechanischen Werkstatt und allen voran Herrn R. Greschner, der durch seinen besonderen Einsatz bei der Konstruktion und dem Aufbau der Versuchsstände die Grundlage für die experimentellen Untersuchungen schuf.

Für die Möglichkeit, die experimentellen Untersuchungen im Rahmen meiner wissenschaftlichen Tätigkeit in der Abteilung Laserentwicklung und Optik durchführen zu können, danke ich Herrn Dr. rer. nat. A. Giesen.